Meßelektronik in der Kernphysik

Von Dr. rer. nat. Hans Ulrich Schmidt
Fraunhofer-Institut für Naturwissenschaftlich-
Technische Trendanalysen, Euskirchen

Mit 124 Abbildungen

B. G. Teubner Stuttgart 1986

Teubner Studienbücher

Physik/Chemie

Becher/Böhm/Joos: **Eichtheorien der starken und elektroschwachen Wechselwirkung.**
2. Aufl. DM 38,—

Bourne/Kendall: **Vektoranalysis.** DM 24,80

Daniel: **Beschleuniger.** DM 26,80

Engelke: **Aufbau der Moleküle.** DM 38,—

Goetzberger/Wittwer: **Sonnenenergie.** DM 24,80

Großer: **Einführung in die Teilchenoptik.** DM 21,80

Großmann: **Mathematischer Einführungskurs für die Physik.** 4. Aufl. DM 32,—

Heil/Kitzka: **Grundkurs Theoretische Mechanik.** DM 39,—

Heinloth: **Energie.** DM 38,—

Kamke/Krämer: **Physikalische Grundlagen der Maßeinheiten.** DM 19,80

Kleinknecht: **Detektoren für Teilchenstrahlung.** DM 26,80

Kneubühl: **Repetitorium der Physik. 2. Aufl.** DM 44,—

Kopitzki: **Einführung in die Festkörperphysik.** DM 34,—

Kunze: **Physikalische Meßmethoden.** DM 24,80

Lautz: **Elektromagnetische Felder.** 3. Aufl. DM 29,80

Lindner: **Drehimpulse in der Quantenmechanik.** DM 26,80

Lohrmann: **Einführung in die Elementarteilchenphysik.** DM 24,80

Lohrmann: **Hochenergiephysik.** 3. Aufl. DM 34,—

Mayer-Kuckuk: **Atomphysik.** 3. Aufl. DM 32,—

Mayer-Kuckuk: **Kernphysik.** 4. Aufl. DM 34,—

Neuert: **Atomare Stoßprozesse.** DM 26,80

Nolting: **Quantentheorie des Magnetismus**
Teil 1: Grundlagen. DM 34,—
Teil 2: Modelle. DM 34,—

Primas/Müller-Herold: **Elementare Quantenchemie.** DM 39,—

Raeder u. a.: **Kontrollierte Kernfusion.** DM 38,—

Rohe: **Elektronik für Physiker.** 2. Aufl. DM 27,80

Rohe/Kamke: **Digitalelektronik.** DM 26,80

Schatz/Weidinger: **Nukleare Festkörperphysik.** DM 29,80

Schmidt: **Meßelektronik in der Kernphysik.** DM 24,80

Walcher: **Praktikum der Physik.** 5. Aufl. DM 32,—

Wegener: **Physik für Hochschulanfänger**
Teil 1: DM 24,80
Teil 2: DM 24,80

Wiesemann: **Einführung in die Gaselektronik.** DM 29,80

Fortsetzung auf der 3. Umschlagseite

Dr. rer. nat. Hans Ulrich Schmidt

Geboren 1944 in Clausthal-Zellerfeld (Oberharz). Studium der Physik in Bonn, Diplom 1969, anschließend bis 1979 wiss. Angestellter am Institut für Strahlen- und Kernphysik (ISKP) der Universität Bonn. 1977/78 Promotion. Seit 1979 wiss. Angestellter der Fraunhofer-Gesellschaft, Institut für naturwissenschaft- lich-technische Trendanalysen, Euskirchen, dort Leiter des experimentellen Bereichs der Nuklearabteilung.

CIP-Kurztitelaufnahme der Deutschen Bibliothek

Schmidt, Hans Ulrich:
Messelektronik in der Kernphysik / von Hans
Ulrich Schmidt. — Stuttgart : Teubner, 1986.
   (Teubner-Studienbücher : Physik)

Gesamtherstellung: Beltz Offsetdruck, Hemsbach/Bergstraße
Umschlaggestaltung: M. Koch, Reutlingen
ISBN-13: 978-3-519-03082-9   e-ISBN-13: 978-3-322-88917-1
DOI: 10.1007/ 978-3-322-88917-1

Vorwort

In der kernphysikalischen Messtechnik ist man schon weit früher
als in anderen Messtechnik-Anwendungen dazu übergegangen, nicht
für jeden Anwendungsfall neue elektronische Schaltungen zu
konzipieren und aufzubauen, sondern Standard-Module zu entwerfen,
die für bestimmte Aufgaben zu umfangreicheren Systemen zusammengeschaltet werden. Diese Module werden heute hauptsächlich in
zwei Formen (NIM-Module und CAMAC-Module) von vielen Firmen
hergestellt und in allen Labors weltweit angewendet. Auch der
Eigenbau von Geräten in grösseren Labors orientiert sich an
diesen Standards, so dass der experimentierende Kernphysiker
frei von dem Zwang zu elektronischen Detailkenntnissen auch
komplizierteste Messanlagen aufbauen und in Betrieb nehmen
kann.

Auch wenn Schaltungseinzelheiten nicht mehr zum notwendigen
Wissen des experimentierenden Physikers gehören, so ist doch
das Verständnis der prinzipiellen Funktionsweise von Einzel-
baugruppen nötig, um eine Gesamtschaltung verstehen und aufbauen zu können. Daher soll dieses Buch Grundkenntnisse der
elektronischen Signalverarbeitung in kernphysikalischen
Experimenten vermitteln und eine Vielzahl von auf dem Markt
erhältlichen Modulen an Hand von Blockschaltbildern erklären.
Vorausgesetzt werden dabei Grundkenntnisse der analogen und
digitalen elektronischen Schaltungstechnik, wie sie in
Grundvorlesungen und einführenden Lehrbüchern geboten werden.

Das Buch ist aus einer Vortragsreihe hervorgegangen, die der
Verfasser in den Jahren 1978 und 1979 am Institut für Strah-
len- und Kernphysik der Universität Bonn (ISKP) gehalten hat.
Es wendet sich vor allem an Studenten der Physik, Teil-
nehmer an kernphysikalischen Praktika sowie Experimental-
physiker in der Kernphysik.

Bonn, im Herbst 1985   H.U.Schmidt

Inhaltsverzeichnis

1. Einleitung

Die Aufgabe kernphysikalischer Messungen ist es, Informationen
über den Aufbau und die Wechselwirkungen von Atomkernen und Ele-
mentarteilchen zu gewinnen. Als Indikator oder als Sonde bedient
man sich dabei der elektromagnetischen und der Teilchen-Strahlung,
die beim Zerfall bzw. bei der Umwandlung von Kernen und Teilchen
oder als Folgeprodukt von Wechselwirkungs-Experimenten (z.B. Streu-
Experimenten) auftritt oder absorbiert wird. Zur Auswertung müssen
diese Strahlungen analysiert werden nach

- Wahrscheinlichkeit bzw. zeitlicher Häufigkeit,
- Teilchen- oder Strahlungsart,
- Energie,
- Winkelverteilung,
- Polarisation,
- zeitlicher Aufeinanderfolge oder Gleichzeitigkeit (Koinzidenz).

In der überwiegenden Mehrzahl der Fälle geschieht dabei der Nachweis und die Energiemessung der Teilchen und Quanten durch Detektoren, in denen diese direkt durch Ionisation bzw. Elektron-Loch-
Bildung oder indirekt (z.B. über Lichtanregung) ein elektrisches
Signal erzeugen.

Aufgabe der in diesem Buch beschriebenen kernphysikalischen Mess-
Elektronik ist es nun, die elektrischen Ausgangssignale dieser
Detektoren zu verstärken, weiterzuverarbeiten sowie die Amplituden und Zeitbeziehungen von Signalen zu analysieren und auszu-
werten. Die hierzu benötigten elektronischen Geräte lassen sich
in mehrere Gruppen einteilen (Abb.1.1.):

- Vorverstärker werden benötigt, wenn das Signal eines Detektors
  so klein ist, dass es ohne Verlust von Signal-Störabstand nicht
  über längere Leitungen übertragen werden kann, und wenn z.B. eine Umwandlung von Ladungsimpulsen in Spannungsimpulse erforderlich ist.

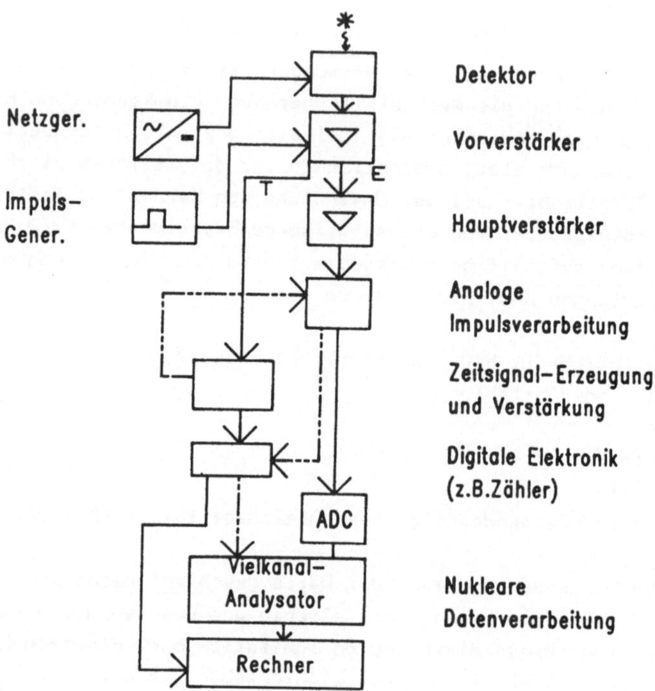

Abb.1.1.: Anordnung von elektronischen Geräten
in einem kernphysikalischen Experiment

- Hauptverstärker verstärken das Signal eines Vorverstärkers oder
Detektors auf Pegel, die eine Weiterverarbeitung und Analyse gestatten, verbessern durch Filter den Signal-Rauschabstand und
erzeugen genormte Impulsformen.

- Analoge impulsverarbeitende Geräte dienen zur Einschränkung des
Signalflusses auf bestimmte Ereignisse (z.B. Lineare Tore, Fenster-Verstärker), zur Impulsformung und zur einfachen Analyse
von Impulshöhen (Diskriminatoren).

- Geräte zur Zeitsignal-Erzeugung und Verarbeitung werden benötigt, wenn neben der Energieinformation auch eine Information über das zeitliche Eintreffen von Ereignissen gewonnen werden soll. Dazu zählt einmal die optimale Verstärkung der Detektor-Signale hinsichtlich Zeitauflösung, die Umwandlung der so gewonnenen Signale in logische (digitale) Signale (Diskriminatoren), die zeitliche Verknüpfung dieser logischen Signale (Koinzidenzstufen) und die Messung von Zeiten und Zeitdifferenzen.

- Spezialgeräte können z.B. die verstärkten Detektor-Signale nach Teilchen- oder Strahlungssorten analysieren oder andere komplexe Funktionen ausführen.

- Hilfsgeräte sind z.B. Spannungsversorgungen für Detektoren und Elektronik sowie Impulsgeneratoren zur Kalibrierung von Experimentieraufbauten.

- Digitale Elektronik-Geräte dienen hauptsächlich zum Zählen von Ereignissen, zur Erzeugung von Mess-Zeitintervallen und zur Auslese dieser Geräte.

- Unter Nuklearer Datenverarbeitung versteht man die Analyse der Mess-Signale wie Impulshöhenbestimmung, Zeitmessung, Darstellung von Spektren, Sammlung, Speicherung und Auswertung von allen Experiment-Daten.

In früheren Zeiten wurden diese Funktionen meistens durch individuelle Einzelgeräte realisiert, die häufig in den Labors auch selbst gebaut wurden. Später wurden dann Messplätze mit Standard-Aufgaben in Form von kompakten Geräten aufgebaut, wie sie auch noch heute in der Strahlenschutz-Messtechnik üblich sind. Beim Aufbau grösserer Experimente in der Kern- und Elementarteilchen-Physik wurde jedoch bald ersichtlich, dass es günstiger ist, auf eine bestimmte Anzahl von Standard-Funktionsgruppen (Modulen) zurückgreifen zu können, die mit genormten Signalformen und Signalpegeln zusammenarbeiten und für jede neue Aufgabe in einer anderen Konfiguration zusammengeschaltet werden können. Nachdem durch die Einführung von Transistoren und integrierten Schaltungen die Voraussetzungen für die Miniaturisierung solcher Module vorhanden waren, entstanden aus diesen Ideen heraus eine Reihe von Einschub-Systemen für Nuklear-Elektronik, die teilweise von Grossforschungseinrichtungen (z.B. CERN, DESY), teilweise von der Nuklear-Elektronik-Industrie eingeführt wurden.

Ihren grossen Durchbruch erlebten diese modularen Systeme auf Grund der Standardisierung und Normung durch internationale Gremien, auf US-amerikanischer Seite durch das AEC-NIM-Komitee, auf europäischer Seite durch das ESONE-Komitee. Das von der amerikanischen Atomenergie-Kommission (AEC)(jetzt US Department of Energy) gegründete NIM-Komitee (NIM = National Instruments Methods) führte in den sechziger Jahren ein modulares System zur Instrumentierung von kernphysikalischen Experimenten ein (AEC-Report TID-20893, 'NIM-Standard'), in dem unter anderem ein 19-Zoll-Teileinschubsystem sowie Signalpegel für Analog- und Logik-Signale genormt wurden. Ausser in den USA setzte sich dieses System auch in Europa durch, nachdem hier eine Zeit lang ein europäischer Standard favorisiert worden war, der auf Arbeiten des ESONE-Komitees beruhte. Ein grosser Teil der in diesem Buch vorgestellten Schaltungen und Geräte ist in Form von NIM-Einschüben auf dem Markt erhältlich oder ist zumindest in den Signalformen und Signalpegeln mit diesem Standard kompatibel.

Für Nuklear-Elektronik-Einschübe mit digitaler Steuerung und digitalem Datenverkehr wurde Ende der sechziger Jahre vom ESONE-Komitee (European Standards of Nuclear Electronics), einem internationalen Gremium aus Vertretern von Grossforschungseinrichtungen, Instituten und Elektronikfirmen, das Einschubsystem CAMAC (Computer Applications to Measurement and Control) konzipiert. Dieses System erhielt durch Unterstützung der europäischen Gemeinschaft (EURATOM) Normencharakter (Report EUR 4100,'A Modular Instrumentation System for Data Handling',1969). Es wurde auch von US-amerikanischer Seite übernommen und als IEEE-Standard 583-1975 (und 595-1976, 596-1976) genormt.

Mit diesen Funktionsgruppen in Form von Modulen ist es möglich,
ohne genaue Kenntnis des Innenlebens der Einzelgeräte grosse
Experimentieraufbauten zu entwerfen und zu verschalten. Im Folgenden sollen die Funktionsweise und die Eigenschaften dieser Ein-
zelbaugruppen beschrieben werden, soweit ihr Verständnis für die
prinzipielle Messaufgabe und das Zusammenwirken der Baugruppen
nötig ist.

2. Detektoren

Die Funktion von Kernstrahlungsdetektoren soll hier nur inso-
weit behandelt werden, wie sie für das Verständnis der nachfolgenden Schaltungen nötig ist. Alle kernphysikalischen Grundlagen
von Detektoren werden in der Literatur , z.B. in /2/,/7/,/18/
ausführlich dargestellt.

Detektoren wandeln die einfallende Kernstrahlung (geladene oder
ungeladene Teilchen, Photonen) um in eine der abgegebenen Energie
proportionale elektrische Ladungsmenge Q. Dies geschieht bei geladenen Teilchen direkt in Gas- und Halbleiter-Detektoren durch
Ionisation und indirekt über Lichtanregung und Photoeffekt in
Szintillationsdetektoren. Ungeladene Teilchen wie Neutronen können nur über Prozesse, bei denen geladene Teilchen entstehen,
nachgewiesen werden. Dazu gehören Stösse mit leichten Atomen oder
Kernreaktionen. Beim Nachweis von Photonen werden durch Photoeffekt, Compton-Effekt und evtl. Paarbildung Elektronen erzeugt,
die dann nach der oben geschilderten Methode durch Ionisation
elektrische Signale erzeugen.

Die einzelnen Detektortypen unterscheiden sich sehr in ihrer
Quantisierungsenergie, d.h. in der Energie, die nötig ist, um
ein Elektron-Ion- oder Elektron-Loch-Paar zu erzeugen:

Szintillations-Detektor	300 eV	
Gas-Detektor	25 eV	
Halbleiter-Detektor	3 eV	(Si:3,66eV / Ge:2,96eV)

Deswegen werden in der nuklearen Messtechnik, insbesondere in
der Niederenergie-Kernphysik, heute überwiegend Halbleiter-
Detektoren eingesetzt, falls eine genaue Energiemessung beab-
sichtigt ist.

2.1. Halbleiter-Detektoren

Halbleiter-Detektoren sind für Teilchennachweis meist als
Si-Oberflächen-Sperrschicht-Detektoren (Schottky-Dioden)
aufgebaut. Die in der Sperrschicht erzeugten Elektron-Loch-
Paare werden durch die angelegte Spannung am p- und n-Kontakt
gesammelt und ergeben an den Anschlüssen einen Ladungsimpuls.

Die Dicke der Sperrschicht W (Siehe Abb.2.1.) wird durch die
Materialdicke L und die angelegte Sperrspannung U_b bestimmt.
W muss so gross sein, dass Teilchen von vorgegebener Sorte
und Energie in dieser Sperrschicht vollkommen absorbiert werden
(E-Detektor). Die Sperrschichtdicke ist proportional zur Wurzel
aus der Sperrspannung und zur Wurzel der unkompensierten Stör-
stellendichte. Da letztere den spezifischen Widerstand des
Materials bestimmt, ist auch die Proportionalität zur Wurzel
des spezifischen Widerstands gegeben. Näherungsweise ergibt
sich hierfür folgender Zusammenhang:

$$W \approx 0,5 \cdot (P_n \cdot U_b)^{1/2} \qquad \text{in } \mu m$$

mit

P_n = spez.Widerstand des
Halbleitermaterials
in Ohm $\cdot$ cm

U_b = Sperrspannung in V

Für spezielle Anwendungen (Teilchenidentifizierung, siehe 8.1.)
werden Detektoren gebaut, deren Sperrschicht so dünn ist, dass
in einem vorgegebenen Bereich von Teilchensorte und Energie kein
Teilchen gestoppt wird. Es wird dann nur ein Bruchteil der
Energie absorbiert (dE/dx-Detektor). In diesem Fall muss die
Sperrschichtdicke W gleich der Gesamtdicke L sein, um die
Absorption von Energie in unempfindlichem Material zu vermeiden.

Zum Nachweis von Quanten (Röntgen- und Gammastrahlung) und für
Teilchen höherer Energie werden Halbleiterdetektoren als sogenannte p-i-n-Dioden ausgelegt. Die ladungsträgerfreie Sperr-

schicht wird durch Störstellenkompensation oder mit hochreinem,
undotiertem Halbleitermaterial hergestellt und ist in gewissen
Grenzen spannungsunabhängig.

Die Sperrspannung wird einem Halbleiterdetektor über einen hohen
Vorwiderstand zugeführt. Die an diesem abfallende Impulsspannung
$U = Q/C_d$ ist in den meisten Fällen nicht proportional zur Energie
des einfallenden Teilchens oder Quants, da unterschiedliche
Sammelzeiten zu verschiedenen Impulsbreiten und daher auch
Höhen führen, und weil auch die Detektorkapazität C_d nicht
genügend konstant zu halten ist. Es muss daher ein ladungsempfindlicher Vorverstärker benutzt werden.

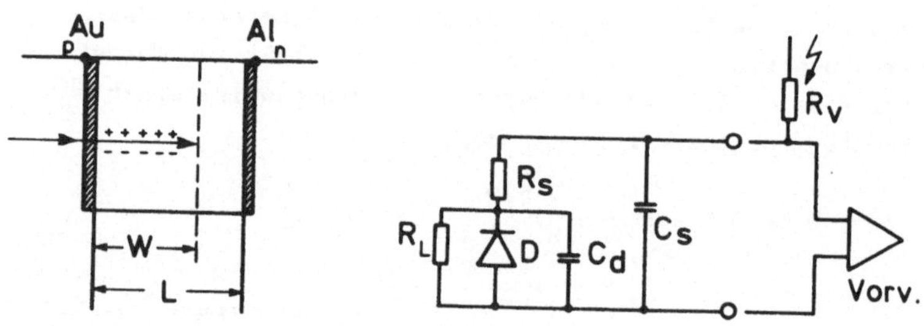

Abb.2.1. Aufbau und Ersatzschaltbild
        eines Halbleiterdetektors

Das Ersatzschaltbild eines Halbleiterdetektors enthält neben der
eigentlichen Diode die Sperrschichtkapazität C_d, die Anschluss-
(Streu-)kapazitäten C_s, den Leckwiderstand R_L und den Bahnwiderstand R_S als Zusammenfassung aller Widerstände im unempfindlichen
Basismaterial und Kontaktwiderstände. Die Diodenkapazität C_d ist
ebenfalls spannungs- und dotierungsabhängig, näherungsweise ergibt
sich folgender Verlauf:

$$C_d \approx 21 \cdot 10^3 \cdot A \cdot (P_n \cdot U_b)^{-1/2} \quad \text{in pF}$$

$$A = \text{Detektorfläche } (cm^2)$$

Die absolute Grösse dieser Kapazität sowie der Streukapazität C_s ist massgebend für das Rauschen (Energieauflösung) eines ladungsempfindlichen Vorverstärkers. Der durch den Leckwiderstand R_L fliessende Strom erzeugt ein zusätzliches Stromrauschen, welches zur Verschlechterung der Energieauflösung beiträgt. Durch Kühlung des Detektors lässt sich dieser Anteil stark verkleinern.

Die Anstiegszeit eines Halbleiterdetektor-Signals hängt primär von der Elektronen- und Loch-Sammelzeit ab und liegt insbes. bei kleinen Detektoren im Bereich einiger ns. Bei grösseren Detektoren und insbesondere solchen mit nicht-planarer Struktur (z.B. koaxial oder 5-Seiten-gedriftete Ge-Detektoren zur Gamma-Spektroskopie) hängt die Sammelzeit stark von der Lage der jeweiligen Ionisationsspur im empfindlichen Volumen bezüglich Feldrichtung und Elektrodenpositionen ab. Sie kann über viele 10 ns streuen, was Auswirkungen auf die Erzeugung eines präzisen Zeitsignals hat (siehe Kapitel 6).

2.2. Ionisationskammern und Proportionalzählrohre

Gasdetektoren wie Ionisationskammern und Proportionalzählrohre haben wegen der schlechteren Energieauflösung nicht mehr die Bedeutung beim Nachweis von geladenen Teilchen und Photonen wie früher; für die meisten Anwendungen können sie durch Halbleiterdetektoren ersetzt werden. Anwendungsgebiete ergeben sich aber nach wie vor bei offenen Detektoren für niederenergetische Beta-Strahlung und beim Neutronen-Nachweis (z.B. BF3-Zählrohre, Spaltkammern).

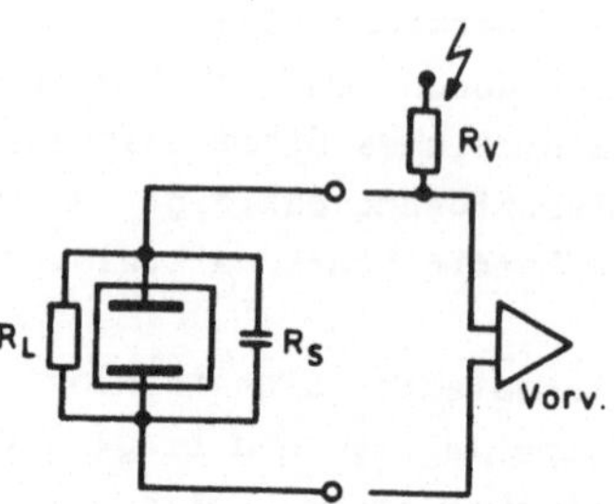

Abb.2.2. Ersatzschaltbild von Gasdetektoren
        (Ionisationskammer, Proportionalzählrohr)

Ähnlich wie im Halbleiterdetektor werden Teilchen bzw. Photonen
im Gasvolumen (teilweise) absorbiert, wobei die Energie durch
Ionisation in eine proportionale Anzahl von Elektron-Ion-Paaren
umgesetzt wird. Im Proportionalzählrohr wird diese Anzahl noch
durch Avalanche-Effekt im starken elektrischen Feld des zentralen
Drahtes mit einem Faktor multipliziert.

Im Gegensatz zu Halbleiter-Detektoren ist die Beweglichkeit
der unterschiedlichen gebildeten Ladungsträger nicht gleich,
sondern die der Ionen um den Faktor 10^3 kleiner als die der
Elektronen, so dass die Sammelzeit für eine genaue Energiemessung sehr gross wird (bis 1ms). Bei hohen Zählraten beschränkt man sich deshalb häufig darauf, nur den zuerst kom-
menden Elektronen-Anteil weiterzuverarbeiten. Durch Differen-
zierglieder im nachfolgenden Verstärker (siehe Kap.4) sorgt
man dafür, dass der langsame Ionenanteil nicht weiterverstärkt
wird.

Eine weitere Anwendung finden Ionisationskammern in der Messung
grösserer Strahlungsdosen, bei denen der impulsförmige Strom in
einen Dauerstrom übergeht. Dieser Strom wird in empfindlichen
Stromverstärkern oder integrierenden Strom-Frequenz-Wandlern

weiterverarbeitet. In Instrumenten für den Strahlenschutz und
Überwachungszwecke sind diese Anordnungen häufig zu finden.
Da sie in Aufbauten der experimentellen Kernphysik seltener
vorkommen, soll hier nur auf die spezielle Literatur zur Strah-
lenschutzinstrumentierung hingewiesen werden.

2.3. Geiger-Müller-Zählrohre

Geiger-Müller- (GM-) Zählrohre arbeiten in einem Teil der Gas-
entladungs-Kennlinie, bei der ein einfallendes Quant nach der
Primärionisation durch Lawineneffekt am Zählrohrdraht eine Ladungs-
trägerlawine erzeugt, die nicht mehr proportional zur einfallenden Energie ist. Das Ersatzschaltbild eines GM-Zählrohres entspricht dem anderer Gasdetektoren (Abb.2.2.). Die am Vorwiderstand abfallende Signalspannung ist konstant, d.h. nur von der
Betriebsspannung abhängig, und sehr hoch (einige 10 -100V).
Die Entladung wird entweder durch entsprechende organische Gase
im Zählrohr selbst gelöscht, oder die Löschung muss elektrisch
(z.B. durch kurzzeitiges Zusammenbrechen der Hochspannung an
einem sehr hohen Vorwiderstand) erfolgen. Auf Grund der Notwendigkeit der Löschung besitzen sie eine charakteristische Totzeit
und damit eine obere Grenze für die Zählrate.

Da nur das Vorhandensein eines Quants und nicht dessen Energie
nachgewiesen wird, erübrigt sich eine Messung der Ladungsmenge
durch ladungsempfindliche Vorverstärker. Die nachfolgende
Elektronik besteht meist aus hochohmigen und kapazitätsarmen
Impedanzwandlern und Impulsformern.

GM-Zählrohre kommen vor allem in preiswerten Strahlenschutz-
und Überwachungsinstrumenten zum Einsatz. Sie können in einzelnen Fällen aber auch in kernphysikalischen Messaufbauten auf-
tauchen, z.B. als neutronenunempfindliche Gamma-Detektoren in
gemischten Strahlungsfeldern.

2.4. Fotovervielfacher

Fotovervielfacher (engl. Photomultiplier) sind Detektoren in
Form von Hochvakuumröhren zum Nachweis von Photonen. Als wesent-
lichstes Bauelement enthalten sie wie eine Photozelle eine Photo-
Kathode, aus der die Quanten durch äusseren Photoeffekt Elektronen
(Photoelektronen) herausschlagen. Diese Elektronen werden nun
nicht direkt gesammelt, sondern in einem Beschleunigungsfeld
auf mehrere hintereinander angeordnete Elektroden (Dynoden)
geleitet, wo sie Sekundärelektronen auslösen und damit eine
Vervielfachung (Multiplikation) erfahren. Der verstärkte Strom
wird von einer Anode gesammelt und steht dort als Ausgangs-
Ladungsimpuls zur Verfügung (Abb.2.3.).

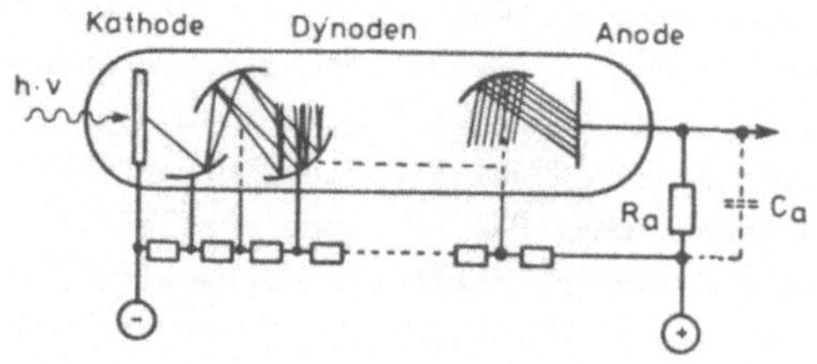

Abb.2.3. Prinzip des Fotovervielfachers

Für Lichtquanten vom IR über sichtbares Licht bis zum UV lassen
sich die Photokathoden der Fotovervielfacher selbst als Detektor-
material verwenden. Für kernphysikalische Anwendungen, d.h. zum
Nachweis von Gamma-Quanten oder Teilchen, wird meist vor die
Röhre ein Szintillator gesetzt, der die einfallende Energie in
einen energieproportionalen Lichtblitz umwandelt. Dieser wird
dann von der Photokathode aufgenommen. Insbesondere die An-
stiegs- und Abfallzeiten der Lichtblitze von verschiedenen
Szintillator-Materialien haben Auswirkungen auf die weitere
Elektronik (siehe Kap.8). Die Energieauflösung wird vom Material
und dem Szintillator-Volumen bestimmt.

Zur Gamma-Spektroskopie kommen als Szintillatoren meist Thallium-
aktivierte NaJ-Kristalle zum Einsatz, für schnelle Zeitsignalanwendungen werden Plasik-Szintillatoren benutzt. Plastik-
Szintillatoren und organische Szintillationsflüssigkeiten sind
auch in der Lage, geladene Teilchen oder über Rückstosskerne
Neutronen nachzuweisen (siehe Kap.8).

Schliesslich besteht auch die Möglichkeit, offene Sekundärelek-
tronenvervielfacher ohne Photokathode im Hochvakuum direkt zum
Nachweis und zur Verstärkung von Elektronen und anderen Teilchen
zu verwenden. Schaltungstechnisch ergeben sich hierdurch keine
Unterschiede. Eine spezielle Bauform der offenen Sekundärelektro-
nenvervielfacher sind die Kanal-SEVs, bei denen schräge oder
gekrümmte Röhrchen innen mit einem Material beschichtet sind,
welches gleichzeitig als quasi-kontinuierliche Dynode und als
Spannungsteiler wirkt. Solche Kanal-SEVs können in Matrix-
anordnungen zu sogenannten "Kanalplatten" zusammengesetzt sein,
mit denen zweidimensionale Ladungsbilder verstärkt werden
können (ortsauflösende Detektoren).

Um Fotovervielfacher betreiben und an die nachfolgende Elektronik
anschliessen zu können, müssen die Dynoden und Hilfselektroden
(z.B.Fokus-Elektrode) über einen Spannungsteiler aus einem Hoch-
spannungs-Netzgerät versorgt werden. Der Spannungsteiler ist in
üblichen experimentellen Aufbauten meist in einer Anschluss-
Einheit (engl. Photo-Multiplier Base, PM Base) untergebracht,
in dessen Fassung die Röhre eingesteckt wird (Abb.2.4.-2.6.).

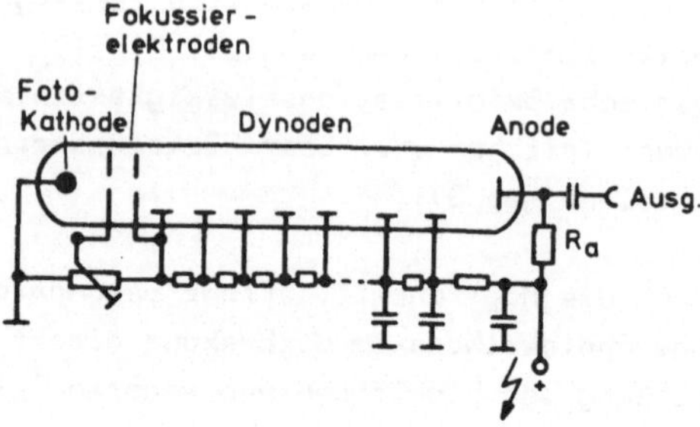

Abb.2.4. Fotovervielfacher-Anschlusseinheit für Energie-Spektroskopie

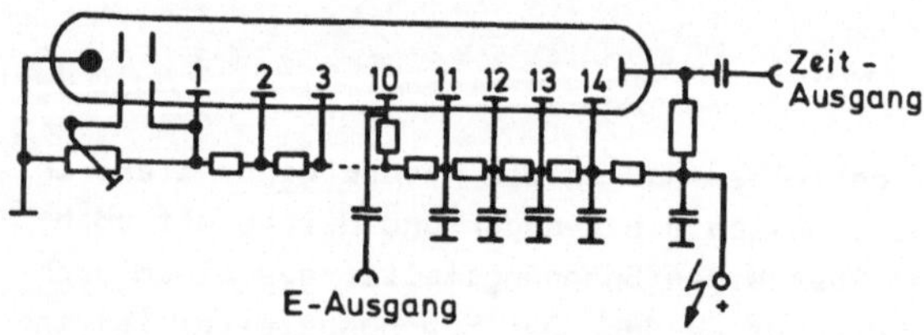

Abb.2.5. Fotovervielfacher-Anschlusseinheit mit Energie- und Zeitsignal-Ausgang

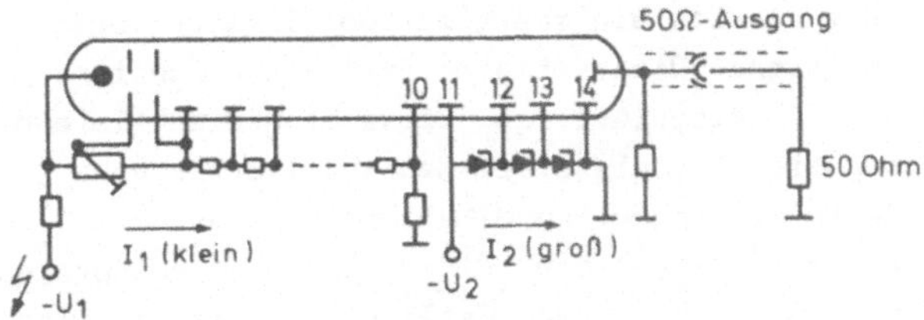

Abb.2.6. Fotovervielfacher-Anschlusseinheit
für schnelle Zeitsignal-Erzeugung

Durch den Spannungsteiler muss ein Querstrom fliessen, der gross
gegenüber dem grössten in der Röhre vorkommenden Dynoden- oder
Anodenstrom ist. Dies ist nötig, um die Dynodenspannungen konstant
zu halten, da sonst die Energieauflösung durch Verstärkungsschwan=
kung verschlechtert und insbesondere die Streuung der Elektronen-
Laufzeiten in der Röhre vergrössert wird. Für Energiespektros-
kopieanwendungen mit kleinen Zählraten und an hohen Abschluss-
widerständen reichen meist normale Widerstands-Spannungsteiler
mit einem kleinen Querstrom aus (Abb.2.4.). Werden jedoch Ausgangsimpulse in 50-Ohm-Abschlüsse für Zeitsignalanwendungen
erzeugt, so muss wegen des grösseren Ausgangsstroms auch der
Teilerquerstrom erhöht werden. Um Leistung zu sparen, werden
häufig nur die letzten Dynodenstufen von einem Teiler mit höherem
Querstrom versorgt. Für hochpräzise Zeitsignalanwendungen wird
jede Dynodenspannung separat stabilisiert (Abb.2.6.).

Da Fotovervielfacher mit hohen Dynoden- und Anodenströmen häufig für Spektroskopie-Anwendungen nicht mehr genügend linear arbeiten, finden sich in den Anschlusseinheiten häufig zwei getrennte
Ausgänge, ein energieproportionaler Ausgang, der an die Dynodenstu-
fe angeschlossen ist, bis zu der noch Linearität herrscht, und
ein Anodenausgang, der bei 50-Ohm-Abschluss präzise Zeitsignale

liefert, jedoch schon bis in die Sättigung ausgesteuert sein
kann (Abb.2.5.).

Es werden auch eine Reihe von Fotovervielfacher-Anschlusseinhei-
ten angeboten, in die bereits ein energieproportionaler Vorverstärker oder ein Zeitsignal-Diskriminator (meist ein Constant-
Fraction-Diskriminator) integriert ist. Diese Einheiten liefern
dann bereits Ausgangssignale, die einem Hauptverstärker bzw.
einem Zeitsignal-Zweig mit schnellen NIM-Signalen zugeführt
werden können. Die Vorverstärker bzw. Diskriminatoren entsprechen
den in Kapitel 3 bzw. 6 beschriebenen Geräten, so dass sie hier
nicht separat behandelt werden müssen.

2.5. Ortsauflösende Detektoren

Ortsauflösende Detektoren haben die Aufgabe, den Ort eines einfallenden Teilchens zu bestimmen, häufig zusammen mit dessen
Energie. Sieht man einmal von der Möglichkeit der ein- oder
zweidimensionalen Anordnung vieler konventioneller Detektoren
ab, so können sie sowohl als einzelner Halbleiter-Detektor wie
als einzelnes Proportionalzählrohr realisiert sein. Weiterhin
unterscheidet man zwei prinzipiell unterschiedliche Auslese-
verfahren, das analoge Stromteilungsverfahren und die Technik
der Aufteilung der Elektroden in eine bestimmte Anzahl von
Streifen oder Drähten mit separater Auslese in Digitaltechnik.

Bei analog ortsauflösenden Halbleiter-Detektoren besteht eine
der Elektroden aus einer streifenförmigen Widerstandsschicht,
die an beiden Enden Anschlüsse besitzt (Abb.2.7.).

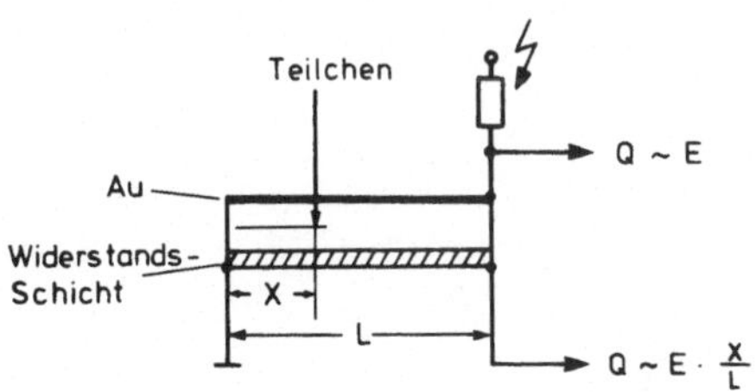

Abb.2.7. Analog-ortsauflösender Halbleiter-Detektor

Die Ladung eines Ereignisses teilt sich entsprechend dem Auftreffort auf beide Anschlüsse auf. Die Widerstandsschicht wird üblicherweise einseitig auf Masse gelegt, auf der anderen Seite ist dann
ein Signal entnehmbar, welches nach Integration in einem Ladungsempfindlichen Vorverstärker proportional zum Auftreffort und zur
Energie des Teilchens ist:

$$E_x = E \cdot (X/L)$$

Auf der anderen Seite ist ein normales energieproportionales
Signal vorhanden. Durch eine analoge Divisionsstufe (siehe Kap.7)
kann aus den beiden verstärkten und geformten Signalen der Ort
als Impulshöhe bestimmt werden. Diese Operation lässt sich
natürlich auch nach zweiparametriger Analog-Digital-Wandlung
der E- und E·X-Signale in einem Vielkanal-Analysator oder Rechner
durchführen.

Auflösungsschwierigkeiten ergeben sich bei diesem Detektortyp
dadurch, dass die Anstiegszeit des Ladungsimpulses durch das
aus der Sperrschichtkapazität und dem Bahnwiderstand entstehende
RC-Glied (bzw. Kette von RC-Gliedern) ortsabhängig verlangsamt
wird. Unglücklicherweise liegen die Zeitkonstanten für ortsauflösende Detektoren in der Grössenordnung der üblichen Haupt-
verstärker-Zeitkonstanten. Für die Ortsbesimmung kann sich dieses
sogenannte ballistische Defizit bei der Division E·X/E heraus-

heben, falls in beiden Verstärkerzweigen gleiche Zeitkonstanten
verwendet werden, im Energiezweig bleibt es dagegen vorhanden
(Abb.2.8.).

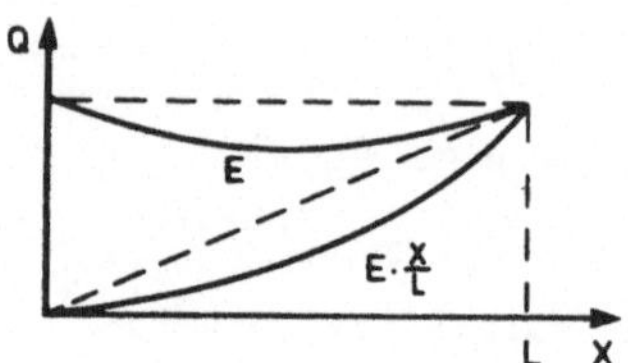

Abb.2.8. Ballistisches Defizit bei analog-
ortsauflösenden Detektoren

Eine entsprechende Möglichkeit der Ortsauflösung lässt sich auch
in Proportionalzählrohren realisieren, in dem der innere Draht
als Widerstandsdraht ausgebildet wird. An den beiden Enden
können dann Signale $E_1 \sim E(X/L)$ und $E_2 \sim E(L-X/L)$ abgegriffen
und nach Integration, Verstärkung und Impulsformung wie bei
Halbleiter-Detektoren analog oder im Rechner dividiert werden.

Eine prinzipiell andere Ortsauslese kann in Detektoren dadurch
erreicht werden, dass die Elektroden in Form von vielen parallelen
Streifen oder Drähten ausgebildet sind. Bei Halbleiter-Detektoren
(Abb.2.9.) sind z.B. die Elektroden als 12 parallele Au-Streifen,
auf der anderen Seite um 90° verdreht als 12 parallele Al-Streifen
aufgedampft. Jeder Streifen wird mit einem separaten Vorverstärker
zur Ortsauslese verbunden (z.B. über Impulstransformatoren ge-
koppelt), die Zusammenfassung aller Streifen liefert ein Energieproportionales Signal.

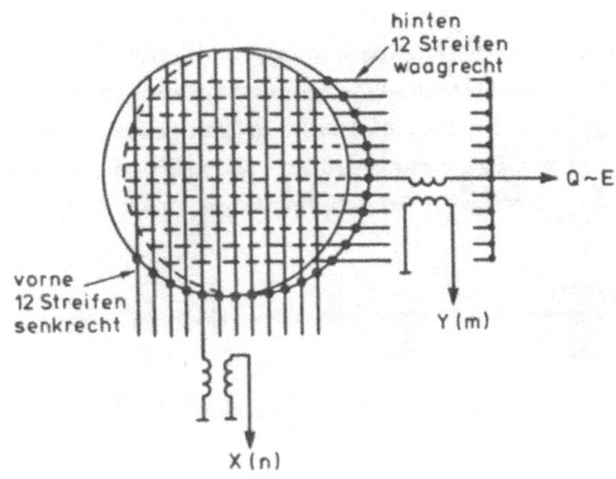

Abb.2.9. Ortsauflösender Detektor
mit Streifenelektroden

Auch dieses Prinzip der Ortsauflösung lässt sich in der Technik
des Proportionalzählrohrs verwirklichen (Charpak-Kammer).
In diesem Fall bestehen die ortsauflösenden Elektroden aus
dünnen parallelen Drähten, die an einzelne Ausleseverstärker
angeschlossen sind. Betreibt man solche Kammern unter Verzicht
auf Energieauflösung im Auslösebereich, so kommt man zu den
vor allem in der Hochenergiephysik vielfach verwendeten Funken-
kammern.

Die zur Verarbeitung dieser bereits digitalisierten Ortssignale
nötige Elektronik ist meistens nicht als Standard-Modul erhältlich, sondern ist eine Spezialentwicklung für den jeweiligen
Anwendungsfall. Für Einzelheiten sei auf die entsprechende
Literatur ,z.B./7/, verwiesen.

3. Vorverstärker

Die an einem Detektor entstehenden elektrischen Signale haben
insbes. bei nicht verstärkenden Detektoren eine sehr kleine
Amplitude. So ergibt sich z.B. bei einem Halbleiter-Detektor
mit E_{paar} = 3 eV, einer Detektorkapazität C_D = 20 pF und einer
Streukapazität C_{Streu} = 25 pF ein Spannungsimpuls der Höhe

$$U = \frac{Q}{C} = \frac{0{,}457 \; 10^{-19}}{(20+25) \; 10^{-12}} \left[\frac{C/eV}{F}\right] = 1{,}02 \; 10^{-9} \; [V/eV]$$

$$= 1{,}02 \; [mV/MeV]$$

In Impuls-Ionisationskammern liegt dieser Wert noch um zwei
Zehnerpotenzen niedriger. In diesen Fällen ist eine Vorverstär-
kung schon zur Anhebung der Amplitude dringend erforderlich.

In Proportionalzählrohren wird durch Gasverstärkung (Lawineneffekt) bereits eine Verstärkung des Detektorsignals von 10^3 bis
10^5 erreicht, in Fotovervielfachern beträgt die Verstärkung
typisch 10^7 - 10^8 , so dass diese Detektoren im Prinzip bereits
Amplituden liefern, die analog weiterverarbeitet werden könnten.

Wie in 2. bereits dargelegt wurde, liefern die meisten Kernstrahlungsdetektoren jedoch als elektrisches Ausgangssignal einen
Impuls, dessen Gesamtladung der Energie des einfallenden Teilchens
oder Quants proportional ist. Die Anstiegszeit entspricht der
Ladungsträger-Sammelzeit. Sie liegt bei Halbleiter-Detektoren
im Bereich 1 - 100 ns, bei Gasdetektoren zwischen einigen 100 ns
und einigen µs, und sie kann auch bei konstanter Ladung durch
unterschiedliche Orte der Ionisation und unterschiedliche Sammelzeiten stärker streuen. Damit ändert sich zwangsläufig auch die
Spannungsamplitude $U(t) = Q(t)/C_D$ des Impulses.

Der Vorverstärker hat also die weitere Aufgabe, diesen Impuls
zeitlich zu integrieren und ein Ausgangssignal zu liefern, dessen
Spannungsamplitude proportional zur Energie ist. Dazu wird, wie

in der Operationsverstärkertechnik /20/ üblich, ein kapazitiv
rückgekoppelter invertierender Verstärker als Integrator benutzt
(Abb.3.1.).

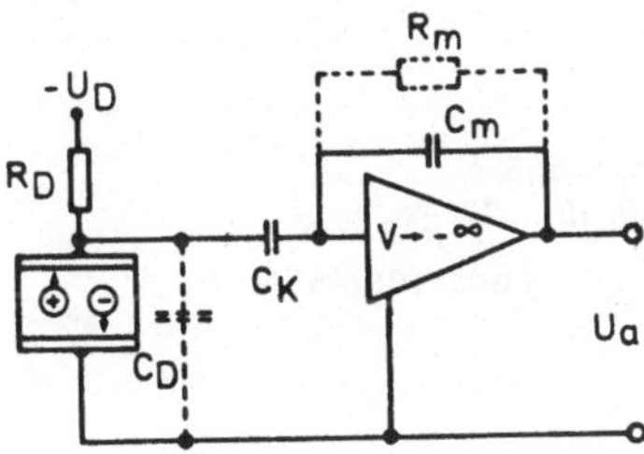

Abb.3.1.: Ladungsempfindlicher Vorverstärker

Dieser liefert bei der Verstärkung V am Ausgang eine Amplitude

$$U_a = -\frac{1}{C_D} \int I(t)dt \; V \; \frac{C_D}{C_D + C_m \cdot (1+V)}$$

Für genügend hohe Vertärkung, d.h. $C_m \cdot V \gg C_D$, vereinfacht sich
diese Gleichung zu

$$U_a = -\frac{1}{C_m} \int I(t)dt = -\frac{Q}{C_m}$$

$C_m \cdot V$ ist die scheinbare dynamische Eingangskapazität des Integrators, sie muss immer gross gegenüber der Detektorkapazität
gewählt werden.

Das Ausgangssignal eines ladungsempfindlichen Vorverstärkers
besteht aus einer treppenstufen-förmigen Spannung, bei der die
Information über die Teilchenenergie in der Höhe der Stufen
steckt. Um auch bei höheren Zählraten nicht die Aussteuergrenze

des Vorverstärkers zu überschreiten, wird der Integrationskondensator über einen zusätzlichen Widerstand entladen, und zwar
mit einer Zeitkonstanten, die gross gegenüber der Sammelzeit ist.

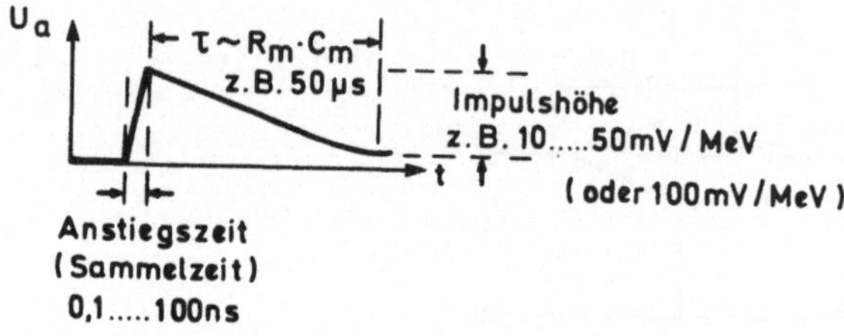

Abb.3.2.: Kurvenform des Ausgangssignals
eines ladungsempfindlichen Vor-
Verstärkers

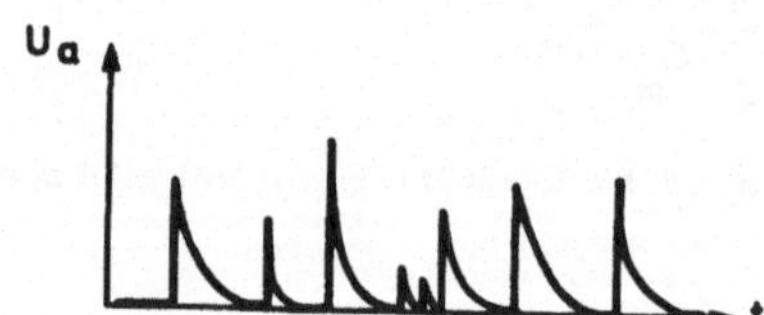

Abb.3.3.: Ausgangsimpulse eines ladungsempfindlichen
Vorverstärkers bei normaler Zählrate

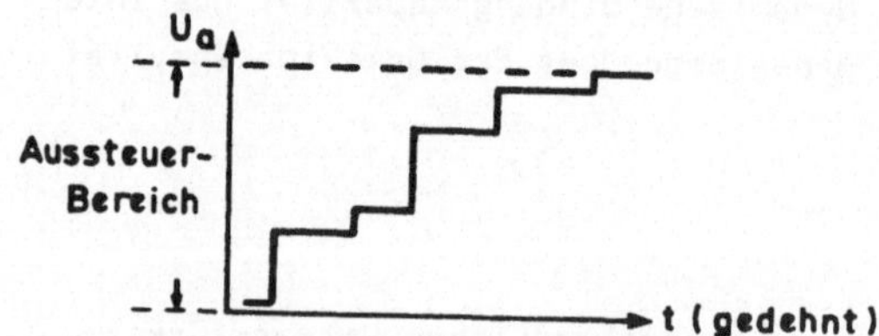

Abb.3.4.: Ausgangsimpulse eines ladungsempfindlichen
Vorverstärkers bei sehr hoher Zählrate

Das Ausgangssignal des Integrators fällt dann nach der Funktion

$$U_a = U_0 \cdot \exp{-(t/R_m \cdot C_m)}$$

wieder auf Null ab. Zu beachten ist, dass bei sehr hohen Zählraten durchaus noch ein Aufstocken von Impulsen auf die Rück-
flanken der vorhergehenden Impulse auftreten kann, wobei die
Aussteuerungsgrenze des Vorverstärkers eventuell überschritten
werden kann (Abb.3.4.).

Die Ausgangsspannung von üblichen Vorverstärkern ist häufig umschaltbar (x5, x10) und liegt typisch bei 10...50 mV/MeV bzw.
100...500 mV/MeV. Die Abfallzeitkonstanten liegen im Bereich
50...500 µs, der Aussteuerbereich typisch bei +/- 5...10 V.
Die von der Impulshöhe bzw. Energie abhängige maximale Zählrate
wird häufig als "Energierate" in MeV/s angegeben.

Die Feldeffekt-Transistoren in den Eingängen ladungsempfindlicher Verstärker, die normalerweise nur sehr kleine Amplituden
zu verstärken haben, sind sehr empfindlich gegenüber grossen
Eingangssignalen. Je nach Polarität wird hierdurch die Gate-
Dioden-Sperrschicht in Leitrichtung umgepolt, so dass ein
grösserer Eingangsstrom fliesst, oder die Gate-Source-Spannung
wird in Sperrichtung so stark erhöht, dass es zum Durchbruch
mit ebenfalls stark ansteigendem Strom kommt. Insbesondere der
Gate-Durchbruch führt meist zur Zerstörung des Eingangs-FETs.
Allerdings können alle unnormalen Gate-Ströme dazu führen, dass
durch lokale Erhitzung Leckstrompfade entstehen, die zu stär-
kerem Rauschen und damit zur Verschlechterung der Energieauflösung auch nach Abklingen der Obersteuerung führen. Eine
solche Gefährdung der Eingangsstufe tritt immer dann auf, wenn
die Detektorspannung bei angeschlossenem Verstärker momentan
an- oder abgeschaltet wird, oder wenn es zu Durchbrüchen oder
Kurzschlüssen in oder am Detektor kommt.

Um Vorverstärker vor solchen Schäden zu schützen, ist zwischen
Gate-Elektrode des Eingangs-FETs und Masse meist eine Schutz-

diode (häufig die Basis-Emitter-Strecke eines bipolaren Transistors) geschaltet. Die Durchbruch-Spannung dieser Diode liegt unterhalb der Gate-Drain-Durchbruchspannung des zu schützenden FETs, in der umgekehrten Stromrichtung übernimmt die Diode den Eingangsstrom. Obwohl die Schutzdioden speziell für diesen Zweck selektiert werden, erzeugen doch ihr Leckstrom und ihre Sperrschicht-Kapazität ein zusätzliches Rauschen. Daher sind diese Dioden steckbar angeordnet, sie können bei extremen Anforderungen an Rauscharmut entfernt werden.

Trotz eventuell vorhandener Schutzdioden muss daher die Beschaltung des Vorverstärker-Eingangs mit grösster Vorsicht erfolgen. Der Detektor darf nur im spannungslosen Zustand angeschlossen und abgetrennt werden, die Erhöhung der Detektorspannung auf den Betriebswert und die Absenkung auf Null muss sehr langsam erfolgen. Moderne Detektorvorspannungs-Netzgeräte besitzen hierfür bereits grosse R-C-Glieder, die nur langsame Spannungsänderungen zulassen.

Das Rauschen eines ladungsempfindlichen Vorverstärkers und damit die Energieauflösung ist von folgenden Effekten abhängig:

- Stromrauschen des Detektors

- Rauschen der ohmschen Widerstände im Detektorkreis, d.h. der Parallelschaltung R_P von Detektor-Vorwiderstand R_V und Integrator-Entladewiderstand R_m

- Rauschen des Eingangs-Feldeffekt-Transistors

- Rauschen durch Kapazitäten im Eingangskreis, d.h. Detektor-Kapazität C_D, Streukapazitäten C_{Streu} und Rückkopplungskapazität C_m.

Das Quadrat des Stromrauschens $I_{Dr\ eff}$ des Detektors, d.h. die Rauschleistung, ist proportional zum Strom I_D und zur Bandbreite Δf des nachfolgenden Mess-Systems:

$$I^2_{Dr\ eff} = 2 \cdot q \cdot I_s \cdot \Delta f \qquad\qquad (q = \text{Elementarladung})$$

Die ohmschen Widerstände R_P erzeugen eine effektive Rauschspannung $U_{Rr\ eff}$:

$$U^2_{Rr\ eff} = 4 \cdot k \cdot T \cdot R_P \cdot \Delta f \qquad\qquad (k = \text{Boltzmann-Konstante,}$$
$$T = \text{abs. Temperatur})$$

bzw. $\quad I^2_{Rr\ eff} = \dfrac{4kT}{R_P} \cdot \Delta f$

Der FET-Verstärkereingang erzeugt einen Stromrauschen-Anteil durch den Eingangs-Leckstrom I_E :

$$I^2_{Er\ eff} = 2 \cdot q \cdot I_C \cdot \Delta f$$

der in Serie mit einer Rauschspannungsquelle U_{Sr} liegt, die Funkelrauschen oder 1/f-Rauschen erzeugt:

$$U^2_{S\ eff} = (A/f) \cdot \Delta f \qquad\qquad (A = \text{Konstante})$$

Die drei Rauschleistungen I^2_{Dr} , I^2_{Rr} und I^2_{Er} lassen sich zu einer Rauschleistung I^2_r zusammenfassen:

$$I^2_{r\ eff} = I^2_{Dr\ eff} + I^2_{Rr\ eff} + I^2_{Er\ eff}$$

Diese Leistungen ergeben ein der Bandbreite Δf des nachfolgenden Systems proportionales Rauschen. Das bedeutet, dass die Bandbreite auf den minimalen zur vollständigen Analyse benötigten Wert zu reduzieren ist (siehe Kapitel 4., Hauptverstärker).

Wie in /11/ ausführlich gezeigt wird, ergeben die einzelnen Rauschanteile am Ausgang eines Vorverstärkers eine Rauschladung Q_R nach folgender Abhängigkeit:

$$Q_R = \left(I_{r\,eff}^2 \cdot \tau_V + U_{S\,eff}^2 (C_D + C_{Streu} + C_m)^2 / \tau_v + 4A(C_D + C_{Streu} + C_m)^2 \right)^{1/2}$$

$$\tau_v = \text{Zeitkonstante der nachfolgenden Verstärker}$$

Die Stromrauschen-Anteile I_{Dr} und I_{Er} lassen sich durch Kühlung des Detektors und evt. auch des Eingangs-FETs auf sehr kleine Werte (bis 10^{-14} A) reduzieren. Bei Ge-Detektoren sitzt der Eingangs-FET dann nicht mehr im Vorverstärker-Gehäuse, sondern direkt am Detektor und wird mit ihm zusammen mit flüssigem Stickstoff gekühlt.

Das 1/f-Rauschen ist eine Eigenschaft des Feldeffekt-Transistors. Neben der Wahl der entsprechenden Herstellungstechnologie werden aus vorhandenen FET-Serien i.a. besonders rauscharme Exemplare selektiert.

Das Rauschen des Detektor-Vorwiderstandes kann durch Gleichstromkopplung zwischen Detektor und Vorverstärker ganz eliminiert werden, da er dann nicht mehr parallel zum Eingang liegt. Normalerweise wird ein Detektor über einen Koppelkondensator an den Vorverstärker angeschlossen, der so gross dimensioniert ist, dass er im benötigten Frequenzbereich einen vernachlässigbar kleinen Blindwiderstand hat. In diesem Fall wird der Detektor direkt mit dem Gate des Eingangs-FETs verbunden (Abb.3.5.), der Detektor-Vorwiderstand verbindet die andere Seite des Detektors mit der Hochspannung. Voraussetzung für diese Form der Kopplung ist ein extrem geringer Detektor-Leckstrom, damit dieser nicht mitintegriert wird.

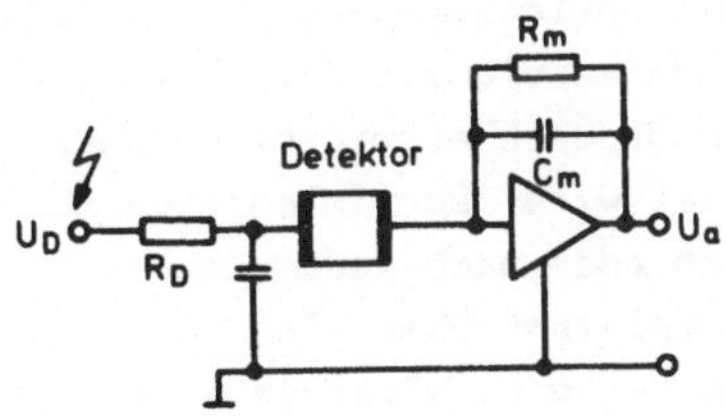

Abb.3.5.: Gleichstrom-Kopplung zwischen
          Detektor und Vorverstärker

Des weiteren ist erkennbar, dass auch die "kalten" Eingangskapazitäten C_D , C_{Streu} und C_m , nicht jedoch die dynamische
Eingangskapazität $C_m \cdot V$, in das Rauschen eingehen (Abb.3.6.).
Für die Rückkopplungskapazität C_m werden daher sehr kleine Werte
(um 1 pF) gewählt.

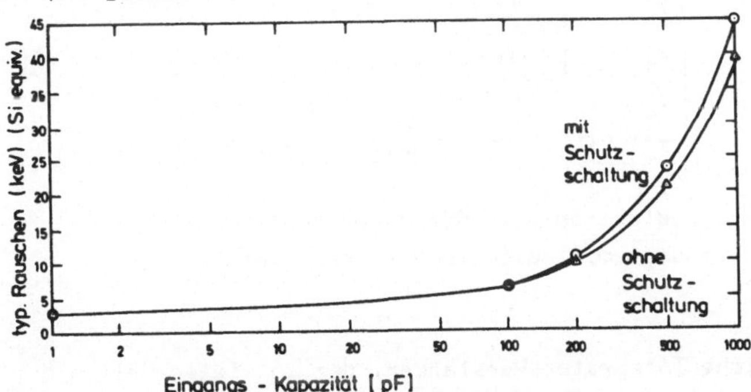

Abb.3.6.: Energieauflösung eines ladungsempfindlichen
          Vorverstärkers in Abhängigkeit von der Eingangs-
          kapazität

Die Detektorkapazität C_D und insbesondere die vermeidbaren
Streukapazitäten C_{Streu} müssen daher durch kapazitätsarmen Aufbau, Vermeidung von längeren Verbindungsleitungen bzw. Benutzung
von kurzen kapazitätsarmen abgeschirmten Kabeln (Z=95...100 Ohm)
reduziert werden.

Das Rauschen des Integrator-Entladewiderstandes R_m und die mit den hohen Werten von R_m verbundenen Stabilitätsprobleme lassen sich bei extremen Anforderungen dadurch eliminieren, dass auf diesen Widerstand ganz verzichtet wird. Der Integrator muss dann nach gewissen Zeiten, periodisch oder nach jedem Impuls auf andere Art zurückgestellt werden, was meistens über eine optoelektronische Rückkopplung erfolgt. Dabei wird ab einer gewissen Schwelle der Ausgangsspannung oder nach jedem Impuls die Gate-Drain-Sperrschicht des Eingangs-FET von einer Luminiszenzdiode beleuchtet, der Photostrom in dieser Sperrschicht entlädt dann den Integrationskondensator (Abb.3.7.).

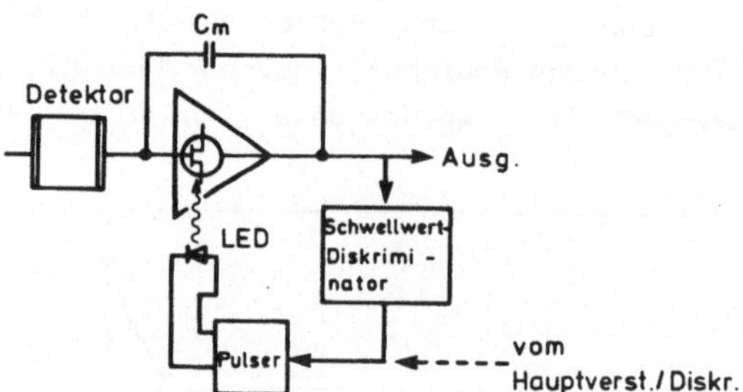

Abb.3.7.: Optoelektronische Rückkopplung in
ladungsempfindlichen Vorverstärkern

Der eigentliche Integrator-Verstärker, der in vielen Fällen der einzige Verstärker ist, wird bei heute üblichen Vorverstärkern meist gleichspannungsgekoppelt aufgebaut, um zählratenabhängige Effekte (Null-Linien-Verschiebung, Pile-Up-Effekt) durch Unterschwingen der abfallenden Flanke des Ausganggsignals zu vermeiden. Wenn auf den Integrator noch ein kapazitiv gekoppelter Treiberverstärker folgt, so ist dieser mit einer Schaltung zur Kompensation des Unterschwingens ("Pole-Zero-Kompensation") versehen. Solche Schaltungen werden in Zusammenhang mit der Besprechung von Hauptverstärkern noch ausführlicher erläutert.

Um ladungsempfindliche Vorverstärker auch über längere Kabel an
Hauptverstärker anschliessen zu können, muss der Ausgang in der
Lage sein, die Impulse über diese Koaxialkabel reflexionsfrei
zu übertragen. Dazu wird entweder der Ausgang des Integrators
selbst oder ein nachfolgender Kabeltreiber-Verstärker für einen
sehr geringen Ausgangswiderstand ($Ri \ll 1$ Ohm) ausgelegt. Die
quellseitige Anpassung an den Kabel-Wellenwiderstand erfolgt
über einen Längswiderstand in Höhe des Wellenwiderstandes
(Abb.3.8.).

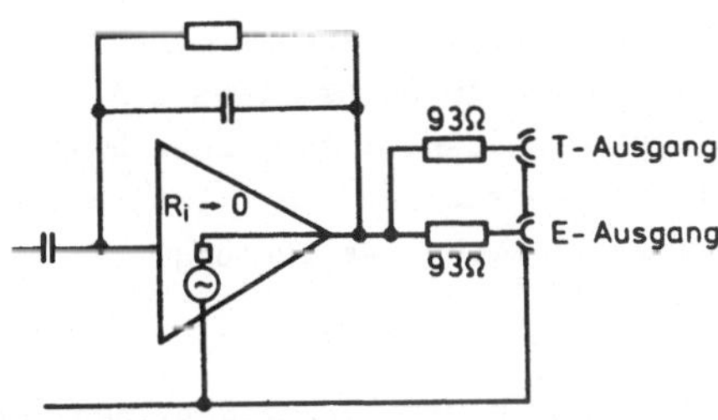

Abb.3.8.: Ausgang eines ladungsempfindlichen Vorverstärkers

Schliesst man an das Kabel einen hochohmigen Hauptverstärker an,
so kann die volle Ausgansspannung an diesen übertragen werden.
Es tritt zwar am Ende des Kabels eine Totalreflexion auf, das
reflektierte Eingangssignal wird aber vom Vorverstärker-Ausgang
durch den Längswiderstand abgeschlossen und läuft kein zweites
Mal zum Hauptverstärker. Ein zusätzlicher wellenwiderstandsrich-
tiger Kabelabschluss am Ende führt dagegen zu einer Spannungsteilung 2:1 und ausserdem zu der Gefahr der Verstärkungsdrift
der gesamten Kette Vorverstärker-Hauptverstärker, falls für den
Abschluss nicht ein extrem temperaturunabhängiger Metallschicht-
Widerstand verwendet wird. Der endseitige Abschluss sollte daher
zumindest bei hochauflösender Spektroskopie vermieden werden.
Auf das Thema Kabelabschlüsse und Kabelanpassung wird in 4.2
noch näher eingegangen.

Für Koinzidenz- und sonstige Zeitmessungs-Anwendungen muss ein
Vorverstärker ein sogenanntes Zeitsignal liefern, welches auf
keinen Fall die Energieauflösung des sogenannten Energiezweiges
beeinträchtigen darf. Weiterhin soll die Anstiegszeit des Integrators,d.h. die Detektor-Sammelzeit, möglichst nicht verfälscht
werden. In früheren Zeiten hatten ladungsempfindliche Vorverstärker häufig nicht die benötigten kurzen Eigenanstiegszeiten,
so dass das Zeitsignal über Impulstransformatoren induktiv aus
der Anschlussleitung zwischen Detektor und Vorverstärker entnommen wurde (z.B. ORTEC Time Pickoff Model 260). Moderne Vorverstärker benötigen dieses Verfahren, das im übrigen die Energieauflösung beeinträchtigte, wegen der kurzen Eigenanstiegszeiten
nicht mehr. Ein Zeitsignal kann aus dem niederohmigen Verstärkerausgang rückwirkungsfrei entnommen werden (Abb.3.8.), und zwar
entweder über einen separaten Längswiderstand, oder über einen
zusätzlichen Zeitsignal-Treiberverstärker. Im letzteren Fall
wird häufig bereits eine Impulsformung (Verkürzung) des Zeitsignals durchgeführt.

Die meisten ladungsempfindlichen Vorverstärker besitzen zur Kon-
trolle der Funktionsfähigkeit eines Systems und zur groben Ener-
giekalibration einen sogenannten Testimpuls-Eingang (Abb.3.9.).
An diesen Eingang wird ein Impuls mit sehr kurzer Anstiegszeit
und sehr langer Abfallzeit gelegt, so dass die Impulsform in
etwa einem Spannungssprung entspricht. Um während der Anstiegszeit Störungen durch Kabelreflexionen zu vermeiden, ist die
Buchse meist intern mit dem Kabel-Wellenwiderstand (50 oder 95 Ohm)
abgeschlossen. Der Testeingang wird über einen sehr kleinen Kondensator mit dem Integrator-Eingang verbunden. Dieser Kondensator
ist so klein dimensioniert (z.B. $C_T = 1$ pF), dass er vollständig
umgeladen wird. Dem Integrator wird dann die Ladung $Q = C_T/U$
zugeführt, im obigen Beispiel die Ladung von 1 pC/V.

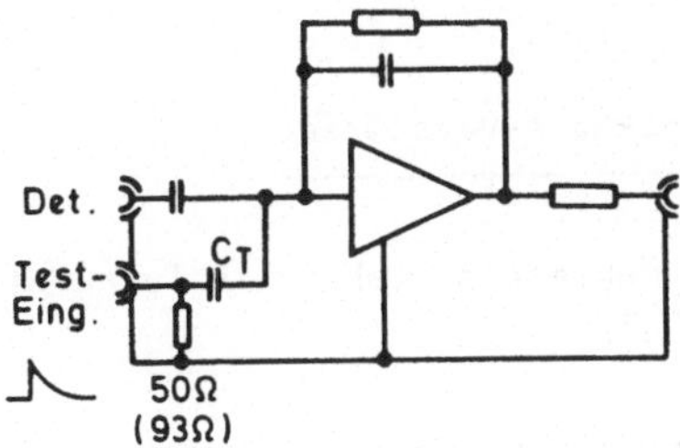

Abb.3.9.: Testimpuls-Eingang an einem
ladungsempfindlichen Vorverstärker

Für genauere Messungen der Ladungsverstärkung eines ladungsempfindlichen Vorverstärkers ist dieser Testkondensator nicht genau
genug spezifiziert, so dass in diesem Fall mit einem externen
kalibrierten Testkondensator gearbeitet werden muss (siehe Kapitel 8).

Ladungsempfindliche Vorverstärker der bisher beschriebenen Art
sind auch generell für die Verstärkung von Ladungsimpulsen aus
Fotovervielfachern geeignet. Allerdings werden weder hohe Anforderungen an die Verstärkung gestellt, da die Fotovervielfacher
selbst schon hochverstärkte Ausgangssignale liefern, noch ist
wegen der beschränkten Energieauflösung von Szintillatoren auf
besondere Rauscharmut zu achten. Neben Herstellern, die ihre
Halbleiter-Detektor-Vorverstärker auch für Szintillationsanwen-
dungen empfehlen, gibt es solche, die spezielle ladungsempfindliche Fotovervielfacher-Vorverstärker anbieten. Ein Hersteller
verzichtet sogar auf die aktive Integration und fügt einem Span-
nungsempfindlichen Verstärker am Eingang umschaltbare Kondensatoren hinzu, die zusammen mit dem Innenwiderstand des Fotovervielfachers als passive Integratoren wirken. Häufig werden solche
Verstärker zusammen mit einem Fotovervielfacher-Spannungsteiler
in einer sogenannten "PM-Base" integriert.

4. Hauptverstärker

4.1. Anforderungen an Spektroskopie-Verstärker

Hauptverstärker haben in der nuklearen Elektronik folgende
Aufgaben:

- Weiterverstärkung des Signals auf einen Amplitudenbereich
  0...+10 V, der eine Verarbeitung der Impulse gestattet,

- Verbesserung des Signal/Rausch-Verhältnisses,

- Impulsformung.

Die Anhebung des Vorverstärker-Signalpegels auf einen Amplitudenbereich 0...+10 V erfolgt mit wechselspannungsgekoppelten Verstärkerstufen, deren prinzipieller Aufbau aus der allgemeinen
Elektronik /16//20/ bekannt ist. Sie können sowohl aus diskreten Komponenten wie auch in integrierter Operationsverstärker-
technik aufgebaut sein. Für die Anwendung als spektroskopische
Hauptverstärker in der Kernphysik werden jedoch eine Reihe von
speziellen Forderungen an diese Verstärker gestellt.

Die Verstärkung muss in weiten Grenzen einstellbar sein, z.B.
von 1...10^4, um das Gerät für verschiedene Detektoren und Energie-
bereiche einsetzen zu können. In älteren und einfacheren Geräten
wird dazu die Grundverstärkung auf den Maximalwert ausgelegt und
die Gesamtverstärkung durch einen Eingangsabschwächer stufenweise
verringert. So wird vermieden, dass nachfolgende Stufen übersteuert werden. Nachteilig hieran ist, dass insbesondere bei kleiner
Verstärkung das Rauschen des Widerstands-Spannungsteilers am Eingang schon erheblich in das Gesamtrauschen des Systems eingehen
kann. In moderneren Konzepten wird daher der Eingangsspannungsteiler in Form eines gegengekoppelten Operationsverstärkers mit
stufenweise einstellbarer Gegenkopplung realisiert. Der Eingangs-
teil des Verstärkers muss auf jeden Fall rauscharm gestaltet
werden, um bei grösseren Verstärkungswerten die Energieauflösung

nicht zu verschlechtern. Desgleichen solten die Effekte von
Mikrofonie und Brummeinstreuungen minimal gehalten werden.

An die Linearität und Langzeitstabilität der Verstärkung werden
recht hohe Anforderungen gestellt. Die zu immer höher reichender
Auflösung entwickelten Analog-Digital-Konverter (ADCs) mit inzwischen 8 oder 16 kBit Auflösung erfordern auch von den davor sitzen-
den Verstärkern Linearitäts- und Stabilitätswerte von besser als
10^{-4} und Temperaturabhängigkeiten von einigen 10^{-5}/K. Trotz immer
weiter verbesserter Schaltungen sollten solche hochauflösenden
Verstärker nur unter konstanten Temperaturbedingungen betrieben
werden, und es sollte nur nach längerer Einlaufzeit mit ihnen
gemessen werden.

Die Bandbreite des Verstärkers muss hoch genug sein, um alle wesentlichen Frequenzkomponenten der Eingangssignale übertragen zu
können. Zur Optimierung des Signal-Rausch-Verhältnisses muss sie
einstellbar sein, da ein Teil der Rauschleistung direkt proportional zur Bandbreite ist (siehe Kapitel 3). Diese Forderung wird
durch die weiter unten beschriebenen Pulsformungs-Schaltungen
erfüllt.

Die Verstärkerstufen sollen einen grossen Aussteuerbereich besitzen und sich auch bei Übersteuerung "vernünftig" verhalten:
die Verstärkungsblockierung nach Übersteuerung sollte möglichst
kurz sein, insbesondere sollte sich auch die Null-Linie in solchen Fällen nicht länger andauernd verschieben.

Als ganz wesentlich erweist sich die Forderung nach Unabhängigkeit der Verstärkerdaten von stark schwankenden und sehr hohen
Zählraten. Hierfür sind neben den Schaltungen zur Impulsformung
eine Reihe von Spezialschaltungen entwickelt worden, die im folgenden ebenfalls näher besprochen werden sollen.

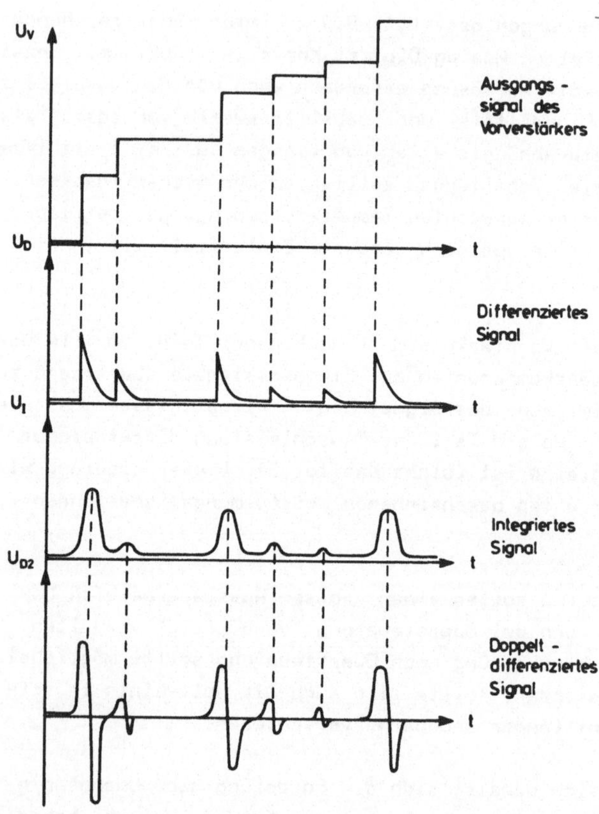

Abb.4.1.: RC-Impulsformung im Hauptverstärker

4.2. R-C-Impulsformung

Wie in Abb.3.4. zu erkennen ist, besteht das Vorverstärker-Aus-
gangssignal aus einer in statistischem Abstand eintreffenden Anzahl von Spannungssprüngen, die einzeln recht klein sein können,
jedoch aufeinandergestockt grosse Gesamtamplituden ergeben. Da
nur in den Spannungssprüngen (Treppenstufen) die Energieinformation steckt, müssen diese allein weiterverstärkt werden, ohne dass
die Gesamtamplitude den Verstärker übersteuert. Zu diesem Zweck
folgt auf den Eingangsspannungsteiler ein RC-Hochpass, der als
Differenzierglied wirkt und aus den Spannungssprüngen kurze Impulse erzeugt (Abb.4.1., Abb.4.2.).

Die Differentiations-Zeitkonstante $\tau_d = R_d \cdot C_d$ muss um so kleiner
sein, je grösser die Zählrate ist, um ein Aufstocken eines Impulses auf die Rückflanke des vorhergehenden zu vermeiden. Da
dieses Differenzierglied jedoch gleichzeitig als Hochpass die
nicht benötigten niederfrequenten Anteile von Rauschen und Brummen abschneiden soll, sind der Differentiations-Zeitkonstanten
engere Grenzen gesetzt.

Die Kurvenform nach dem Differenzierglied mit der Zeitkonstanten
$\tau_D = R_D \cdot C_D$ lässt sich mit dem Formalismus der Laplace-Transformation /6//16/ leicht bestimmen. Dabei wird statt mit der Zeitfunktion U(t) mit der modifizierten Spektralfunktion
U(s) = L(U(t)) gerechnet /16/, wobei L der Laplace-Operator und
s = x+jω ist. Die Antwortfunktion $U_2(s)$ eines Netzwerkes auf
eine Eingangsfunktion $U_1(s)$ ergibt sich aus dem Produkt von
$U_1(s)$ mit der Übertragungsfunktion G(s) des Netzwerkes in Laplace-
schreibweise:

$$U_2(s) = G(s) \cdot U_1(s)$$

Die Zeitfunktion $U_2(t)$ lässt sich durch die Laplace-Rücktrans-
formation in den Zeitbereich gewinnen:

$$U_2(t) = L^{-1}(U_2(s))$$

Die Übertragungsfunktion eines Hochpasses in der Laplace-Transformation lautet:

$$G(s) = \frac{s}{(s + \frac{1}{R_D C_D})}$$

Wird als Eingangsimpuls ein stufenförmiger Sprung mit $U_1(t) = 0$ für $t < 0$ und $U_1(t) = U_0$ für $t > 0$ angenommen, wie er als Ausgangssignal des Vorverstärkers angeboten wird, so lautet dieser Sprung in der Laplace-Transformation

$$U_1(s) = \frac{1}{s} U_0$$

Die Antwortfunktion lautet dann:

$$U_2(s) = G(s) \cdot U_1(s) = U_0 \frac{1}{s + \frac{1}{R_D C_D}}$$

oder, in den Zeitbereich zurücktransformiert:

$$U_2(t) = U_0 e^{-(t/R_D C_D)}$$

Auf die erste Verstärkerstufe folgt meist eine Integrationsstufe mit der Zeitkonstanten $\tau_i = R_i \cdot C_i$, die als Tiefpass wirkt und die hochfrequenten Rauschanteile beschneidet. Die Übertragungsfunktion eines R-C-Tiefpasses in der Laplace-Transformation lautet:

$$G(s) = \frac{1}{(s + \frac{1}{R_I C_I})}$$

die Gesamt-Übertragungsfunktion mit einfacher Differentiation und einfacher Integration:

$$G(s) = \frac{s}{(s + \frac{1}{R_D C_D})} \cdot \frac{1}{(s + \frac{1}{R_I C_I})}$$

Ein optimales Signal-Rausch-Verhältnis erreicht man, wenn die Differentiations- und Integrations-Zeitkonstanten den gleichen Wert haben /8//11/, wenn also im Frequenzbereich eine näherungsweise symmetrische Durchlasskurve erreicht wird. Im allgemeinen liegen diese Zeitkonstanten zwischen 0,1...100 µs. Üblicherweise benutzt man auch aus Zählratengründen Werte von 1...10 µs, wobei sich das Optimum bei Verringerung des Stromrauschens von Detektor und FET (Kühlung) gegenüber den anderen Rauschquellen zu höheren Werten verschiebt.

Die aus der obigen Übertragungsfunktion berechnete und in den Zeitbereich zurücktransformierte Ausgangsfunktion eines solchen Verstärkers hat dann die Form

$$U_2(t) = U_0 \cdot \frac{t}{R \cdot C} \cdot e^{-t/RC}$$

Eine zweite Differentiationsstufe nach dem ersten Integrator ist in älteren Verstärkern häufig zu finden (Abb.4.2.), sie dient

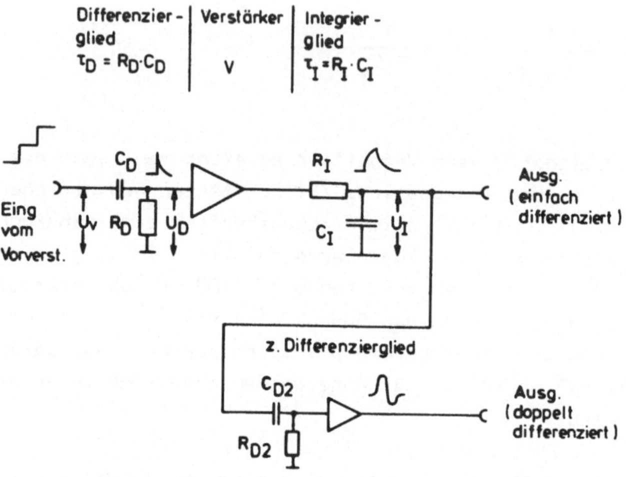

Abb.4.2.: Hauptverstärker mit Differenzier- und
Integrier-Gliedern

zu folgenden Zwecken:

- Durch doppelte Differentiation erreicht man bei hohen Zählraten
ohne zusätzliche Schaltungen eine schnelle Rückkehr der Null-
Linie auf 0 V.

- Für einfache Zeitmessanwendungen, insbesondere in Verbindung
mit Fotovervielfachern, lässt sich aus dem näherungsweise
amplitudenunabhängigen Nulldurchgang des doppelt differenzierten Signals ein Zeitsignal ableiten (Nulldurchgangs-Trigger,
siehe 6.2.).

Weitere (passive) Integratoren können unter Verzicht auf hohe
Zählraten das Signal-Rausch-Verhältnis und damit die Energieauf-

lösung noch weiter verbessern, da die Flanke des Tiefpasses steiler wird. Heute werden jedoch solche Tiefpassglieder höherer Ordnung meist als aktive Tiefpässe (siehe 4.3.) aufgebaut.

4.3. Aktive Filter

Wie schon in 3. und 4.2. beschrieben, ist für ein optimales Signal-Rausch-Verhältnis und damit für eine optimale Energieauflösung die Wahl und Dimensionierung von Hoch- und Tiefpassfiltern ganz entscheidend. Die Realisierung solcher Filter durch einfache passive RC-Hoch- und Tiefpässe ist nur ein erster Schritt in dieser Richtung. Theoretische Untersuchungen /3//11/ haben gezeigt, dass die optimale Impulsform aus einer exponentiell ansteigenden Flanke bis zu einem Scheitelpunkt und einer exponentiell abfallenden Flanke mit der gleichen Zeitkonstanten besteht (Abb.4.3.a). Eine solche Impulsform ist rein theoretisch und in der Praxis weder vernünftig zu realisieren noch für Impulshöhenmessungen mit ADCs geeignet. Das trifft genauso für die zweitbeste Form mit linear an- und abfallenden Flanken gleicher Zeitkonstante (Abb.4.2.b) und einer Spitze in der Mitte zu.

Die beste Annäherung an diese theoretischen Kurven ist eine symmetrische glockenförmige Kurve (Gauss-Form), die durch eine grosse Anzahl n von hintereinandergeschalteten RC-Integratoren ($n \rightarrow \infty$) erreicht wird (Abb.4.3.c). Solche Filter werden auf Grund der Möglichkeiten der modernen Operationsverstärker-Technik /20/ als sogenannte aktive Filter aufgebaut (Abb.4.4.,4.5.). Diese Filter-Verstärkerstufen beinhalten gleichzeitig eine Differentiation und eine n-fache Integration. Der Vorteil dieser Filter

Abb.4.3.:

Relatives Signal-Rausch-Verhältnis für verschiedene Impulsformen

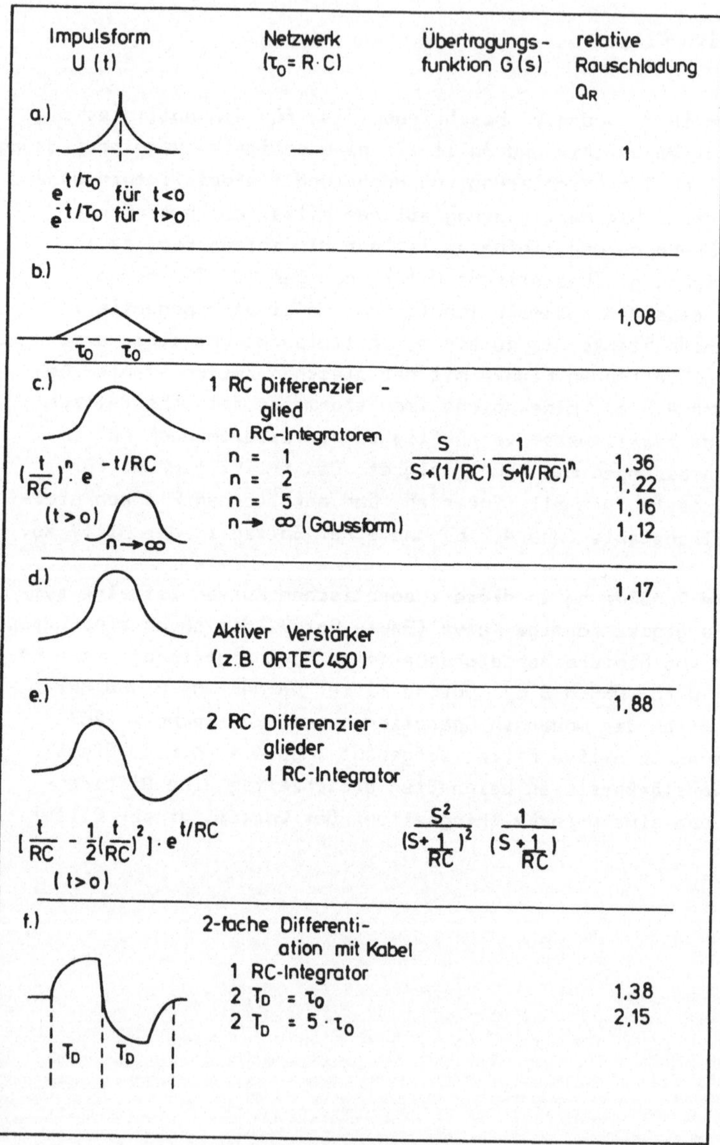

gegenüber einer grösseren Anzahl hintereinandergeschalteter pas-
siver Integratoren ist, dass bei letzteren die Verstärkung mit der
Einstellung unterschiedlicher Zeitkonstanten stark schwankt und
die Grunddämpfung recht hoch ist, während in aktiven Filter-Ver-
stärkern Verstärkung und Zeitkonstanten unabhängig voneinander
eingestellt werden können. Aktive Filter erlauben es relativ einfach, auch andere Filter-Durchlasskurven als die des Gauss-Filters
zu realisieren, die ebenfalls für gutes Signal-Rausch-Verhältnis
und gute Impulsform optimiert werden können. Ein Beispiel hierfür
(ORTEC 450) zeigt Abb.4.3.d.

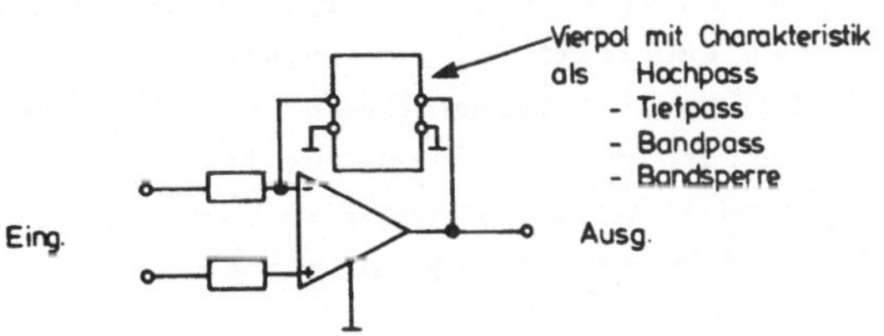

Abb.4.4.: Prinzip des aktiven Filter-Verstärkers

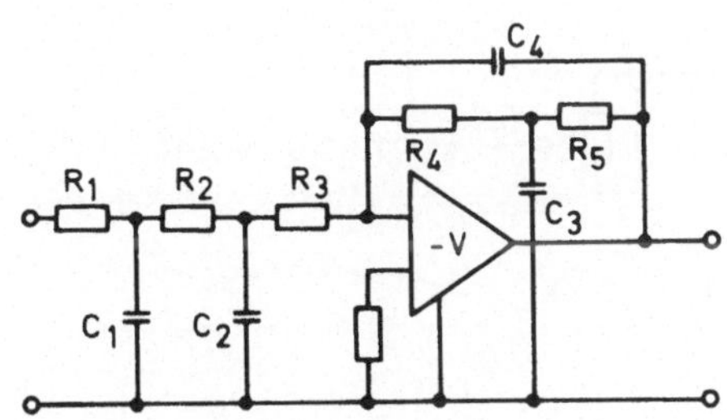

Abb.4.5.: Aktiver Filter-Verstärker (ORTEC 450)

In Abb.4.3. sind für verschiedene theoretische und realisierbare
Impulsformungs-Netzwerke die relativen Rauschladungen, bezogen
auf das Optimum (4.3.a) sowie, falls darstellbar, die analytische

Impulsform bzw. die Übertragungsfunktion in der Laplace-Transformation angegeben.

In die Aufzählung sind auch zwei Beispiele von doppelt differenzierten Impulsen aufgenommen. Hier sieht man deutlich die Verschlechterung der Energieauflösung gegenüber unipolaren Impulsen,
weswegen sie für Spektroskopie-Anwendungen nur in Ausnahmefällen
(z.B. sehr hohe Zählrate) verwendet werden sollen.

4.4. Impulsformung durch Laufzeitglieder

Die Impulsformung (enlisch "clipping" oder "shaping") durch Kabel
besimmter Länge l, in denen Laufzeiten T_D auftreten, ist eine
relativ einfache und in kernphysikalischen Anwendungen schon sehr
lange benutzte Methode. Insbesondere an Fotovervielfacher-Ausgän-
gen wird sie häufig angewendet, um die Impulse zu verkürzen und
auf eine normgemässe Form (z.B. rechteckig) zu bringen.

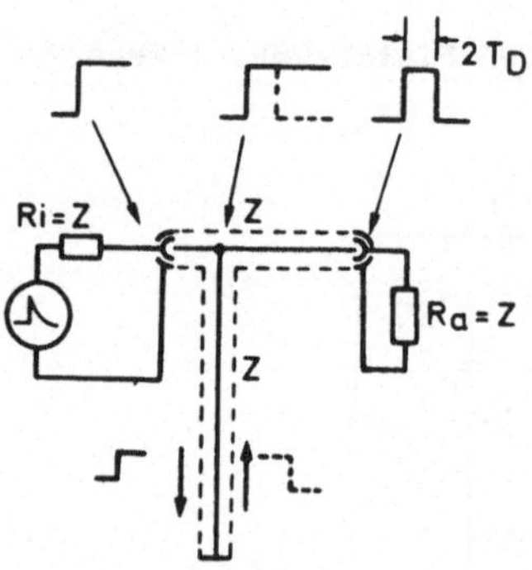

Abb.4.6.: Impulsformung mit Laufzeit-Kabeln

Wie aus Abb.4.6. zu ersehen ist, besteht die Impulsformerstufe
im einfachsten Fall aus einem Koaxialkabel bestimmter Länge, welches parallel zu einer Signalleitung angeschlossen und am anderen

Ende kurzgeschlossen wird. Der Impuls teilt sich an der Anschluss-
stelle auf, ein Teil läuft in das Impulsformungskabel hinein.
Nach der Laufzeit T_D = l/v' (v'=Lichtgeschwindigkeit im Kabel-
Dielektrikum) wird der Impuls am kurzgeschlossenen Ende mit einem
Phasensprung von 180° reflektiert und läuft als invertierter Impuls zurück. Nach der Laufzeit 2 T_D = 2 l/v' subtrahiert sich
dieses reflektierte Signal vom Originalimpuls, so dass (näherungsweise) ein Rechteck mit der Länge t=2 T_D entsteht. Für Clip-Zeiten
bis zu einigen 10 ns ist dieses Verfahren mit normalen Koaxial-
kabeln handhabbar, darüber werden die Kabellängen zu gross.
In der Hochenergiephysik und in schnellen Zeitsignal-Anwendun-
gen ist dieses Verfahren allgemein üblich.

Zu beachten ist, dass z.B. der 50-Ohm-Ausgang eines schnellen
Fotovervielfachers bei Anschaltung eines Clip-Kabels während der
Kabellaufzeit die Parallelschaltung zweier Kabel, in diesem
Fall 25 Ohm, zu treiben hat. Falls das Clip-Kabel nicht direkt
am Ende eines Koaxialkabels liegt, können Störungen durch Refle-
xion an der Anschluss-Stosstelle auftreten, die eventuell durch
Anpassglieder verhindert oder kompensiert werden müssen.

Bis zu einigen µs benutzt man als Laufzeitglieder Verzögerungsleitungen, die aus diskreten Induktivitäten und Kapazitäten zusammengesetzt sind (Abb.4.7.), oder bei denen die Längsindukti-
vität eines Koaxialkabels durch Aufwickeln eines Innenleiters,
häufig auf einen Ferrit-Kern, erhöht wird.

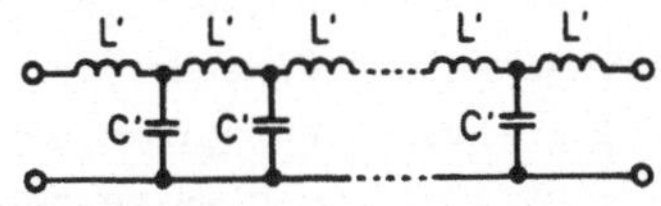

Abb.4.7.: LC-Laufzeit-Glieder

Sie besitzen einen Wellenwiderstand Z $=\sqrt{(L'/C')}$, der meist

höher liegt als normale Kabel-Wellenwiderstände, so dass eine
direkte passive Beschaltung von Koaxialausgängen aus Anpassungs-
gründen hiermit nicht in Frage kommt.

Wegen der Notwendigkeit der exakten Wellenwiderstands-Anpassung,
die für eine saubere Impulsform nötig ist, legt man die Laufzeitglieder in Impulsverstärkern für die Niederenergie-Kernphysik (engl. Delay Line Amplifier) i.a. zwischen zwei Verstärkerstufen und führt die Subtraktion zwischen Originalimpuls und
verzögertem Impuls in einem Summierverstärker durch (Abb.4.8.).
Bei dieser Beschaltung tritt natürlich nur die einfache Kabellaufzeit auf, da das Verzögerungskabel beidseitig abgeschlossen
ist und nicht reflektiert.

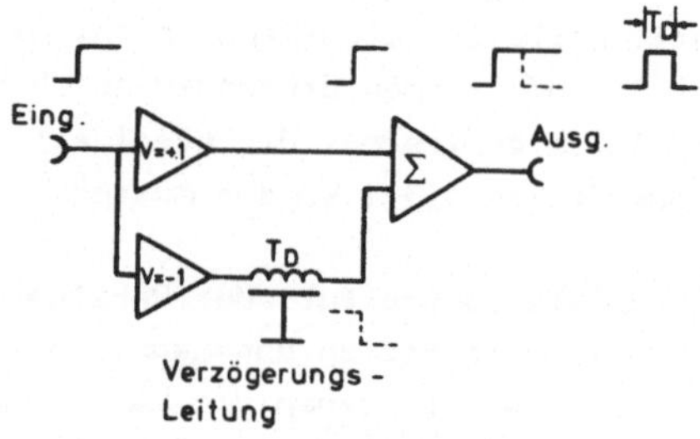

Abb.4.8.: Verzögerungsleitungs-Verstärker
(Delay Line Amplifier)

Üblicherweise besitzen diese Verstärker zwei gleichartige "Diffe-
renzierstufen" mit Verzögerungsleitungen hintereinander, so dass
wahlweise ein unipolarer oder bipolarer Impuls entnommen werden
kann. Meistens ist auch noch ein RC-Integrator wahlweise zuschalt-
bar, um die Energieauflösung verbessern zu können.

Anwendung finden diese Verzögerungsleitungs-Verstärker hauptsächlich in folgenden Einsatzgebieten:

Bei der Pulsform-Analyse, die z.B. zur Gamma-Neutronen-Diskrimi-
nierung verwendet wird, wird ein Signal benötigt, dessen Abfall-
zeitkonstante exakt der Anstiegszeitkonstanten entspricht (siehe
Kapitel 8.2.). Diese Forderung wird von diesem Verstärkertyp
automatisch erfüllt, da die abfallende Flanke ja ein verzögertes
und invertiertes Ebenbild der Vorderflanke ist.

Bei extrem hohen Zählraten bietet die bipolare Impulsform aus
einem doppelten Verzögerungsleitungs-Verstärker die kürzeste
Rückkehrzeit der Ausgangsamplitude auf 0V, natürlich unter Verzicht auf höchste Energieauflösung.

Bei Impulsformen, deren Anstiegszeit bei konstanter Amplitude
nicht oder nur schwach schwankt (z.B. bei Fotovervielfachern),
bietet der Nulldurchgang eines bipolaren Signals einen relativ
präzisen Zeitpunkt für Zeitsignalanwendungen. Daher werden solche
Verstärker häufig auch speziell in Zeitsignal-Zweigen eingesetzt.

4.5. Pole-Zero-Kompensation

Verstärkerstufen in Hauptverstärkern und teilweise auch in Vorverstärkern werden meist über Kondensatoren wechselspannungsge-
koppelt, um Gleichspannungs-Driften und Offset-Spannungen nicht
mitzuverstärken. Das durch die Koppelkapazität C_1 und den Eingangswiderstand des nachfolgenden Verstärkers R_1 gebildete RC-
Glied (Abb.4.9) wirkt wie eine Differenzierstufe (siehe 4.2) mit
der Zeitkonstanten $\tau_1 = R_1 \cdot C_1$ und erzeugt bei einem typischen Vor-
verstärker-Ausgangssignal mit exponentiellem Abfall τ_0 einen
Unterschwinger am nächsten Verstärkereingang.

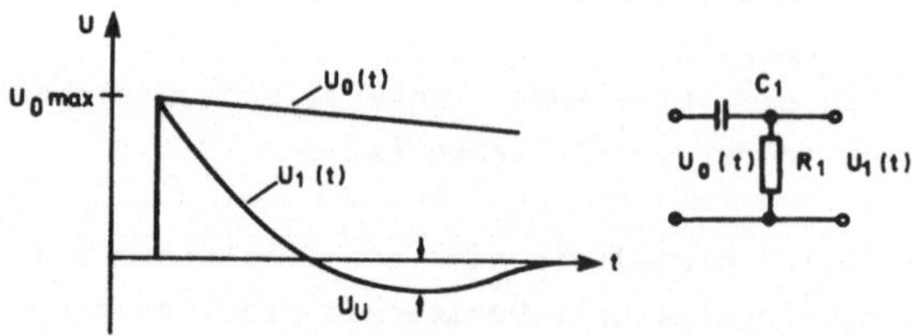

Abb.4.9.: Unterschwingen an RC-Koppelgliedern

Näherungsweise gilt für die Amplitude U_U des Unterschwingers:

$$\frac{U_U}{U_0} = \frac{R_1 \cdot C_1}{\tau_0} \qquad\qquad U_0 = \text{Ausgangsamplitude des Vorverstärkers}$$

In der Laplace-Transformation lässt sich die Übertragungsfunktion eines Differenziergliedes (siehe 4.2.) schreiben als

$$G(s) = \frac{s}{s+(1/R_1 C_1)}$$

so dass die Ausgangsamplitude in Laplace-Form zu

$$U_1(s) = U_{0\,max} \cdot \frac{1}{s + 1/\tau_0} \cdot \frac{s}{s + (1/R_1 C_1)}$$

wird.

In den Zeitbereich zurücktransformiert ergibt dies den Zeitverlauf:

$$U_1(t) = U_{0\,max} \frac{\tau_0}{\tau_0 - \tau_1} e^{-t/\tau_0} - \tau_1 e^{-t/\tau_0}$$

Das Unterschwingen kann bei hohen Anforderungen an die Energieauflösung sehr störend sein, wenn ein zweiter Impuls nicht auf
der Null-Linie, sondern auf diesem (veränderlichen) Unterschwinger aufsetzt. In modernen Verstärkern wird daher dieses Unterschwingen in einer speziellen Schaltung ("Pole-Zero-Kompensation") kompensiert (Abb.4.10.).

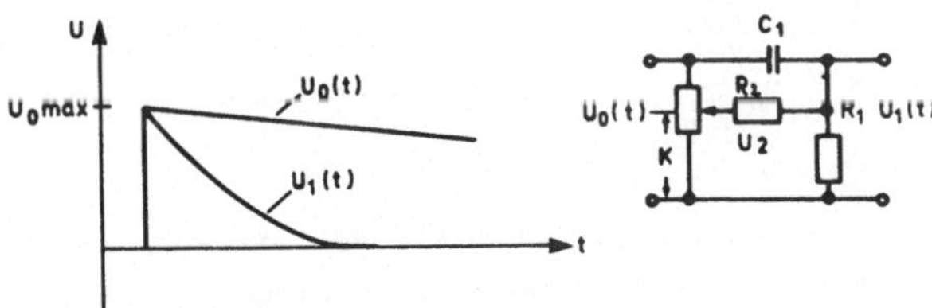

Abb.4.10.: Pole-Zero-Kompensation

Dazu wird auf den nachfolgenden Verstärker-Eingang zusätzlich zu
dem kapazitiv gekoppelten Signal über einen Widerstand R_2 ein
einstellbarer Bruchteil K des Gleichspannungsanteils des Signals
gegeben. Die Übertragungsfunktion dieses Netzwerkes in der Laplace-
Transformation lautet:

$$G(s) = \frac{s + \dfrac{K}{R_2 C_1}}{s + \dfrac{R_1 + R_2}{R_1 R_2 C_1}}$$

Die Ausgangsamplitude wird damit

$$U(s) = \frac{1}{s + (1/\tau_0)} \cdot \frac{s + \dfrac{K}{R_2 C_1}}{s + \dfrac{R_1 + R_2}{R_1 R_2 C_1}}$$

Die richtige Einstellung der Kompensation ist dann erreicht, wenn die Polstelle $1/(s+1/\tau_0)$ kompensiert wird durch die Nullstelle (Zero) $s+(K/R_2 C_1)$:

$$\frac{1}{s + (1/\tau_0)} = s + \frac{K}{R_2 C_1}$$

In diesem Fall fällt das Ausgangssignal mit einer einzigen Zeitkonstanten $C_1 R_p = C_1 R_1 R_2 / (R_1 + R_2)$ ohne Unterschwinger ab:

$$U_1(s) = U_{0\,max} \frac{1}{s + \dfrac{R_1 + R_2}{R_1 R_2 C_1}} = U_{0\,max} \frac{1}{s + \dfrac{1}{R_p C_1}}$$

$$U_1(t) = U_{0\,max} \cdot e^{-t/(R_p C_1)}$$

Diese Kompensationsmethode setzt natürlich voraus, dass das Vorverstärker-Signal wirklich mit einer einzigen Zeitkonstante exponentiell abfällt. Sie lässt sich daher sinnvoll nur zwischen dem ladungsempfindlichen Vorverstärker und der ersten RC-gekoppelten Stufe eines Hauptverstärkers einsetzen.

4.6. Null-Linien-Restauration

Die in 4.5. beschriebenen Probleme mit Unterschwingern von Impulsen nach RC-Koppelgliedern können durch eine Pole-Zero-Kompensa-
ton nur dann behoben werden, wenn der Eingangsimpuls einen expo-
nentiellen Abfall mit nur einer Zeitkonstanten hat. Daher ist
diese Kompensation nur an den Eingängen von Hauptverstärkern anzutreffen. Da aber auch am Hauptverstärker-Ausgang ein Aufstocken
von (mehrfach geformten) Impulsen auf die Unterschwinger vorher-
gehender Impulse vermieden werden muss, kommen hier andere, nicht-
lineare Schaltungen zum Einsatz. Weiterhin tritt als Forderung
an die Ausgangssignale von Hauptverstärkern auf, dass auch bei
hohen Zählraten die Null-Linie bei 0 V liegen muss. Bei reiner
Wechselspannungskopplung nimmt sie einen Mittelwert an, der für
unipolare Impulse zählratenabhängig in die der Pulspolarität ent-
gegengesetzte Richtung driftet (Abb.4.11.).

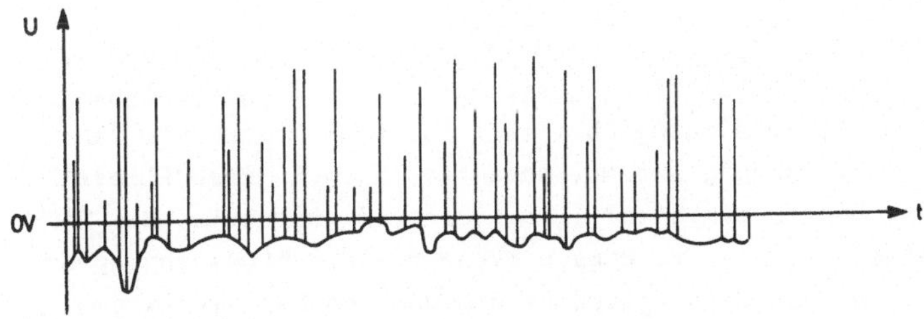

Abb.4.11.: Zählratenabhängigkeit der Null-Linie

Ein konstantes Gleichspannungsniveau des Ausgangssignals ist besonders wichtig beim Anschluss gleichspannungsgekoppelter Analog-
Digital-Konverter (ADCs), die die Spannungsdifferenz zwischen
einem konstanten Niveau und dem Maximalwert eines Impulses messen,
und bei Benutzung von Schwellwert- oder Fensterverstärkern
(Biased Amplifier), die nur den Anteil eines Impulses oberhalb
einer einstellbaren Schwelle verarbeiten.

Für diese Aufgaben werden Schaltungen benutzt, die Namen wie
Null-Linien-Restauration, "Base Line Restorer (BLR)" oder
"DC Restorer" tragen und im wesentlichen den aus anderen Berei-
chen der Elektronik bekannten Klemmschaltungen entsprechen.
In älteren Verstärkern sind diese Schaltungen passiv ausgeführt
(Abb.4.12.).

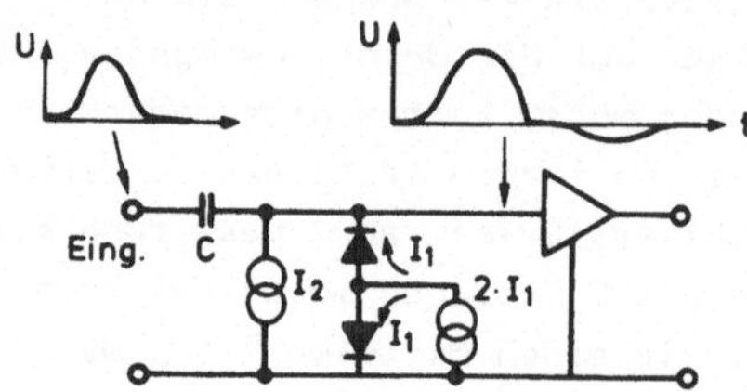

Abb.4.12.: Passive Nullinien-Klemmung

Ein gleichspannungsgekoppelter Ausgangsverstärker wird dabei
über eine Koppelkapazität C angesteuert. Ohne Eingangssignal
wird der Verstärkereingang über zwei leitende Dioden mit sehr
niedriger Flusspannung auf Nullpotential gelegt. Dazu fliesst
durch diese Dioden ein Strom I_1 aus einer Stromquelle. Bei Eintreffen eines Signals, welches grösser als die Flusspannung der
Dioden ist, werden diese gesperrt und dadurch der Impuls zum
Verstärker weitergeleitet. Nach Abklingen des Impulses wird der
Koppelkondensator über einen Strom $I_2 < I_1$ wieder entladen, bis
die Nullinie erreicht ist. Diese Entladezeitkonstante wird für
verschiedene Zählraten häufig umschaltbar gemacht, indem der
Koppelkondensator in Stufen verändert wird.

Aus dieser Beschreibung ist sofort ersichtlich, dass jede Impuls-
Vorderflanke exakt bei 0 V bzw. bei der eingestellten Nullinien-
Spannung einsetzt. Nachteilig ist, dass auf die Klemmung des Ausgangssignals auf 0V noch ein weiterer kleiner (ebenfalls geklem-
mter) Impuls folgt, der einen Rest des Unterschwingers darstellt,
und dass dauernd anliegende Brumm- und Rauschsignale den Nullpunkt
durch Gleichrichtung an den Dioden verschieben können. Ausserdem

ist diese Schaltung natürlich für sehr kleine Signale extrem
nichtlinear.

Die geschilderten Nachteile können durch aktive (geschaltete)
Nullinien-Restauratoren (Abb.4.13) vermieden werden.

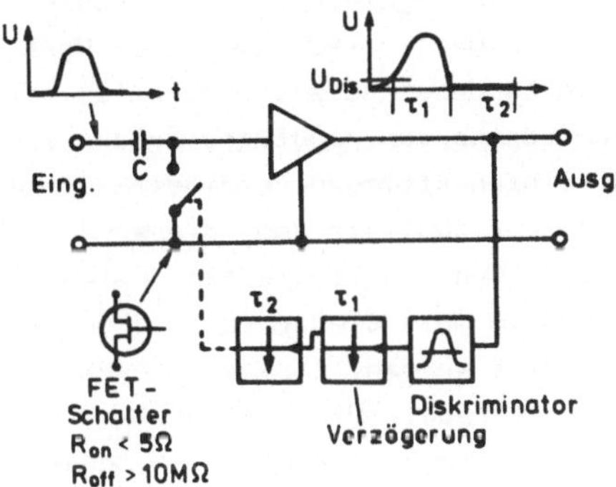

Abb.4.13.: Aktive (geschaltete) Nullinien-Klemmung

In diesen aktiven Schaltungen wird eine bestimmte Zeit nach dem
Erreichen des Maximums des Impulses der Eingang des Verstärkers
über einen Schalter (bipolarer Transistor oder FET) zwangsweise
kurzzeitig auf Null gelegt. Die Schaltzeiten werden häufig automatisch zusammen mit den Pulsformungs-Zeitkonstanten umgeschaltet.
Meist findet man zwei separate Schalter für unterschiedliche
Eingangspolaritäten, so dass positive und negative und auch bipolare Impulse verarbeitet werden können.

Die Nullinien-Klemmung wird meist in der Ausgangsverstärkerstufe
eines Hauptverstärkers untergebracht. Sie muss wahlweise abschaltbar sein, um bei niedrigen Zählraten eine optimale Energieauflösung ohne Klemmung erreichen zu können. Abschaltbar muss sie auch
sein, um eine eventuell vorhandene Pole-Zero-Kompensation richtig
einstellen zu können, da beide Schaltungen zur Unterdrückung von
Unterschwingern, wenn auch nach verschiedenen Prinzipien, dienen.
Verschiedene Hersteller bieten Nullinien-Restauratoren auch als

separate NIM-Einschübe an, mit denen normale Verstärker nachge-
rüstet werden können.

4.7. Pile-Up-Unterdrückung

Unter "Pile Up" versteht man im englischsprachigen Bereich einen
Anstieg der Zählrate über ein bestimmtes zumutbares Mass hinaus.
Im Gegensatz zu dauernd vorhandenen höheren Zählraten, deren
Effekte auf die Energieauflösung von Hauptverstärkern durch Pole-
Zero-Kompensation und Nullinien-Klemmung vermindert werden, ist
ein kurzzeitiges Ansteigen der Zählrate über dieses Mass hinaus
von einem Spektrometer nicht mehr zu verkraften. Falls diese
Möglichkeit auftreten kann, so muss dieser Zustand überwacht
werden, und es muss verhindert werden, dass zu diesem Zeitpunkt
eine Impulshöhenanalyse stattfindet. Die hierfür im Hauptverstärker eingebauten oder als separate Geräte gebauten Schaltungen
haben im englischsprachigen Raum den Namen "Pile Up Inspector"
oder "Pile Up Rejector". Sie überwachen, ob innerhalb eines vorgegebenen Zeitintervalls (Inspektions-Periode) mehr als ein Impuls auftritt, und geben in diesem Fall an den Linear-Gate-Ein-
gang eines ADCs ein Sperr-Signal ab, um die Konvertierung dieser
Impulse zu verhindern (Abb.4.14).

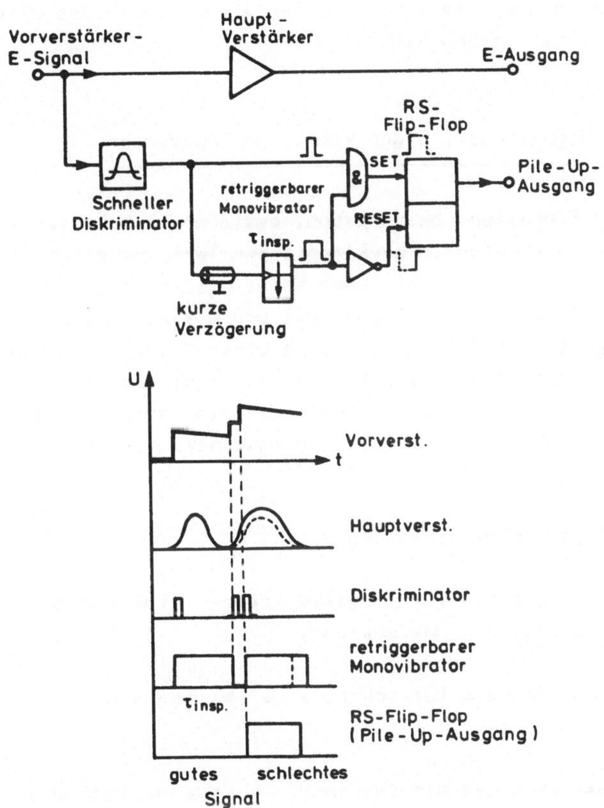

Abb.4.14.: Pile-Up-Unterdrückung

Die Inspektionszeit wird von der Impulsdauer eines retriggerbaren Monovibrators bestimmt, der von den sehr kurzen Impulsen eines schnellen Diskriminators getriggert wird. Wenn innerhalb dieser Zeit ein weiterer Impuls eintrifft, so wird über ein UND-Gatter ein RS-Flip-Flop gesetzt, welches den Pile-Up-Zustand an den ADC

weitergibt. Mit der Rückflanke des Monovibrator-Impulses wird das
Flip-Flop dann wieder zurückgesetzt. Falls die absoluten Zählraten
in einem Experiment von Interesse sind, so muss natürlich eine Tot-
zeit-Korrektur erfolgen, die aus der gesamten Zeitdauer des Pile-
Up-Signals abgeleitet werden kann.

4.8. Normen für Signalpegel, Signalkabel und Impedanzen

Wie schon in der Einleitung beschrieben, bestehen kernphysikalische Experimentieraufbauten im elektronischen Teil aus einer
grösseren Anzahl von Modulen, die über Kabel miteinander verbunden sind. Um die freie Konfigurierbarkeit und Austauschbarkeit
von Modulen zu gewährleisten, müssen alle diese Module (zumindest
von den Ausgängen der Hauptverstärker an) mit gleichen Signalpegeln und mit verträglichen Ein- und Ausgangsimpedanzen arbeiten.
Man unterscheidet generell in solchen Anlagen drei Klassen von
Impulsen:

- Lineare Signale zur Energiemessung,

- positive logische Signale für langsame Zeitmess-Anwendungen
  sowie Triggerung und Gate-Ansteuerung,

- negative logische Signale für schnelle Zeitmessung und
  Triggerung.

Diese Impulsformen sind als NIM (National Instruments Methods)-
Standard-Impulse bekannt und werden von allen Herstellern einge-
halten, so dass auch Module unterschiedlicher Fabrikation ge-
mischt werden können.

4.8.1. Lineares NIM-Signal

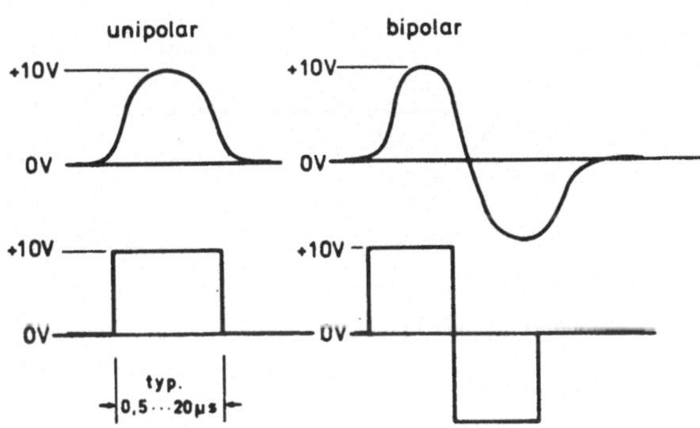

Abb.4.15.: Lineares NIM-Signal für Impulshöhenmessung in
der Niederenergie-Kernphysik

Die Weiterverarbeitung von linearen Signalen in analogverarbeitenden Geräten (Kapitel 5) und die Impulshöhenanalyse mit ADCs findet
in üblichen Systemen mit positiven unipolaren Impulsen oder mit
bipolaren Impulsen mit positiver Anstiegsflanke statt. Der hierfür festgelegte NIM-Standard-Impuls schreibt eine Amplitude von
0...+10 V vor, die Eingänge müssen mit bipolaren Impulsen verträglich sein. Die Impulslänge richtet sich nach Auflösungs-Anforder-
ungen und den Spezifikationen von ADCs. In den meisten Fällen
liegt die Impulsbreite zwischen 0,5....20 µs, üblich sind Werte
von 1...2 µs. Die Ausgangswiderstände von Verstärkern und analo-
verarbeitenden Geräten sind meist sehr niedrig (<1 Ohm), um
Amplitudenschwankungen durch Anschluss verschiedener oder mehrerer Geräte zu vermeiden, der Eingangswiderstand folgender Geräte ist meist hoch (ca. 1000 Ohm oder grösser).

In der Hochenergie-Physik ist für schnelle lineare Signale insbes.
aus Fotovervielfachern eine andere Signalform standardisiert,
nämlich ein negativer unipolarer Impuls oder ein bipolarer Im-

puls mit negativer Anstiegsflanke und einer Amplitude von
0...-1 V (in einigen Fällen 0...-2V).

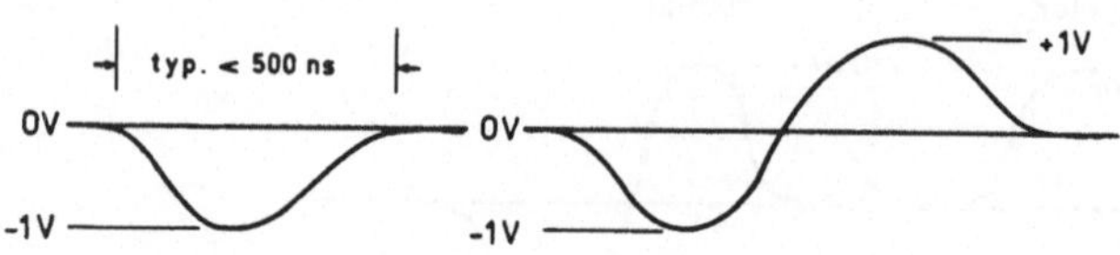

Abb.4.16.: Lineares Signal für Impulshöhenmessungen
in der Hochenergie-Physik

Wegen der i.a. sehr viel kürzeren Anstiegszeiten und Impulsdauern
(<100ns) wird hierbei in einem 50-Ohm-System mit angepassten Ein-
und Ausgängen gearbeitet, um Verfälschungen durch Kabelreflexionen
zu vermeiden. Die kleinere Amplitude gestattet natürlich keine
so hohen ADC-Auflösungen wie das positive Linear-Signal.

4.8.2. Positives logisches NIM-Signal

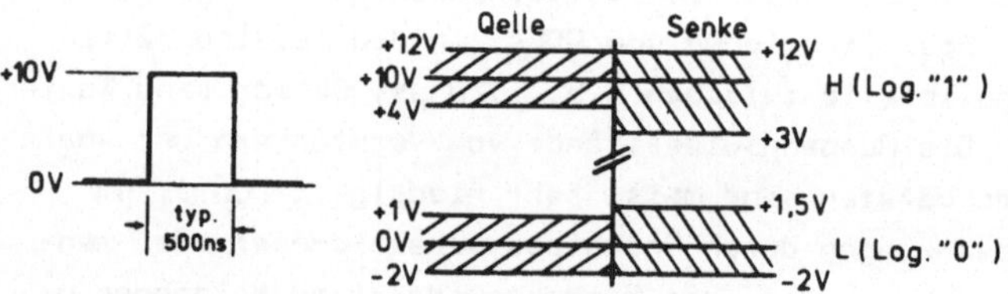

Abb.4.17.: Positives logisches NIM-Signal

Als "langsames" logisches Signal für Diskriminator-Ausgänge,

Zähler, Gates und langsame Koinzidenz-Schaltungen wird ein positives Signal benutzt, welches die nominellen Zustände L=0V und H=+10V annehmen kann. Der Ausgang eines Gerätes muss die Grenzen L=-2...+1V bzw. H=+4...+12V einhalten, der Eingang eines Gerätes erkennt L=-2...+1,5V bzw. H=+3...+12V. Die Impulsbreite ist für flankengetriggerte Anwendungen typisch 0,5μs, für gleichspannungsgekoppelte Pegel kann sie beliebig lang sein.

Die Impedanz eines Ausgangs ist i.a. sehr niederohmig (1...10 Ohm), die eines Eingangs hochohmig (>1000 Ohm). Bei kurzen Kabeln wird üblicherweise nicht mit Kabelabschlusswiderständen (angepasst) gearbeitet.

Seit der generellen Benutzung von integrierten Schaltungen für logische Anwendungen sind häufiger Geräte anzutreffen, in denen die Pegel positiver logischer Impulse den TTL-Pegeln entsprechen, d.h. L=0V (<0,8V), H=+5V (>2,4V). Die Eingänge nach NIM-Standard können sicher mit solchen Impulsen angesteuert werden, umgekehrt muss ein Eingang natürlich auf jeden Fall mit dem Grenzwert +12V verträglich sein.

4.8.3. Negatives logisches NIM-Signal

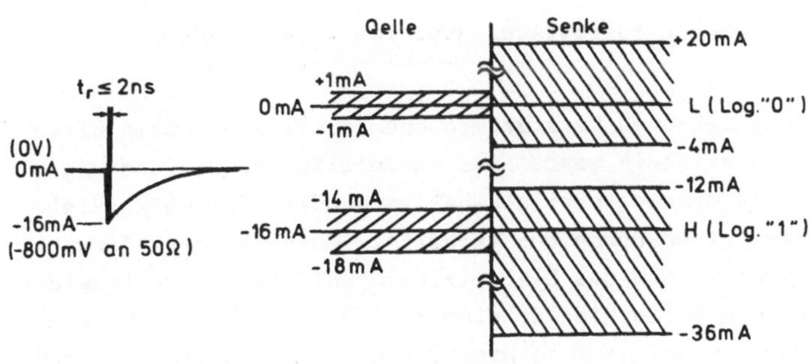

Abb.4.18: Negatives logisches NIM-Signal

Als schnelles logisches Signal für hohe Zählraten, Koinzidenzstufen guter Zeitauflösung und kritische Zeitmess-Anwendungen
wird nach NIM-Spezifikationen ein negatives Signal mit relativ
kleiner Amplitude verwendet. Das Signal ist nur in 50-Ohm-Koaxial-
systemen mit 50-Ohm-Kabelabschluss definiert. Aus historischen
Gründen (u.a. direkte Ableitung des Signals aus Fotovervielfachern) ist es als Stromsignal spezifiziert. Da die Abschluss-
impedanz jedoch vorgeschrieben ist, liegen auch die Spannungs-
werte fest: L= 0mA (0V an 50 Ohm), H=-16mA (-800mV an 50 Ohm).
Die Toleranzen betragen für einen Ausgang L=-1...+1mA bzw.
H=-14...-18mA und für einen Eingang L=-4...+20mA (bipolarer
Impuls zulässig!) bzw. H=-12...-36mA.

Für Zeitmarkierungs-Anwendungen ist nur die (negativ) ansteigende
Flanke von Interesse, die Anstiegszeit (10%-90%) beträgt üblicherweise 2ns oder weniger. Die abfallende Flanke ist in diesem Fall
weniger interessant, meist fällt sie exponentiell in einigen
10ns ab. Es ist jedoch in vielen Fällen ein bipolarer Impuls mit
negativem erstem Anstieg zulässig. In der Hochenergie-Physik
werden häufig auch logische Verknüpfungen mit Gleichspannungs-
pegeln nach dieser Norm vorgenommen. In diesem Fall muss der
Impuls rechteckig und gleichspannungsgekoppelt sein, die Impulsdauer beliebig.

4.8.4. Kabel, Wellenwiderstände, Abschlusswiderstände

Zur Verbindung zwischen Verstärkern und sonstigen Modulen einer
Experimentierelektronik werden aus Bandbreitengründen und wegen
der nötigen Abschirmung Koaxialkabel verwendet. Solche Koaxialkabel besitzen einen durch das Verhältnis Aussenleiter-/Innen-
leiter-Durchmesser und das Dielektrikum festgelegten Wellenwiderstand Z. Übliche Werte hierfür sind 50, 60, 75, 93 und 100 Ohm,
wobei das Dämpfungsminimum je nach Dielektrikum zwischen 50 und
75 Ohm liegt. Ein elektrisches Wechselspannungssignal (z.B. ein
Impuls oder ein Spannungssprung, aber auch ein Sinus-Signal),

welches an den Anfang eines Kabels gelegt wird, wird am Ende
nicht reflektiert, wenn dieses mit dem Wellenwiderstand (ohmscher
Widerstand) abgeschlossen wird. Hierfür kann ein Reflexionsfaktor
$r = (R-Z)/(R+Z)$ definiert werden /12/, in diesem Fall ist er
r=0. An allen Widerständen R>Z findet eine Reflexion ohne Phasensprung statt (Leerlauf: r=+1), an allen Widerständen R<Z mit
Phasensprung von 180° (Kurzschluss: r=-1) (Abb.4.19).

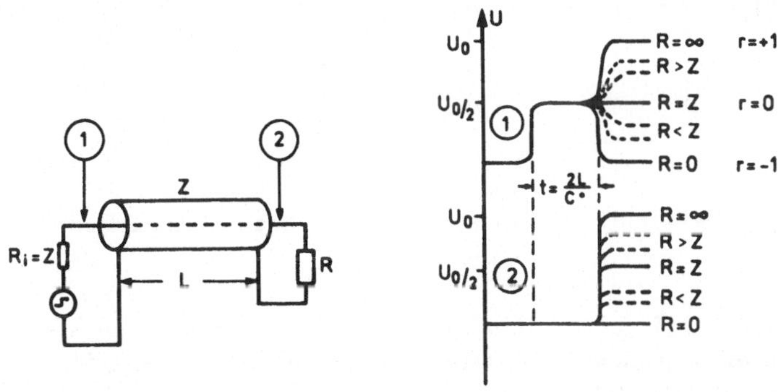

Abb.4.19.: Reflexion und Anpassung an Koaxialleitungen

Wird ein Impuls am Ende eines Kabels teilweise oder ganz reflektiert, so läuft der reflektierte Anteil zur Quelle zurück. Falls
die Quelle einen Innenwiderstand R_i=Z besitzt, so ist der Aus-
gleichsvorgang z.B. für eine ansteigende Flanke (Abb.4.20) damit
beendet. In allen anderen Fällen kommt es zu weiteren Reflexionen
zwischen quellseitigem und verbraucherseitigem Fehlabschluss.
Die Impulsform zeigt dann auf der Flanke eine (i.a. gedämpfte)
Schwingung mit einer der Kabellaufzeit entsprechenden Periode.

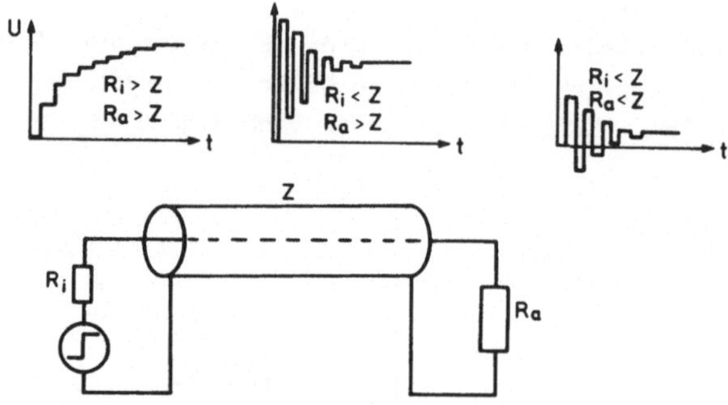

Abb.4.20.: Beidseitiger Fehlabschluss an Koaxialleitungen

Die Ausgleichsvorgänge in nicht oder nicht richtig abgeschlosse-
nen Koaxialleitungs-Systemen klingen wegen der nicht unendlich
grossen oder kleinen Abschlusswiderstände und wegen der Kabel-
dämpfung innerhalb einer Zeit von wenigen Kabellaufzeiten ab.
Wenn die Anstiegs- und Abfall-Zeiten von Impulsen deutlich grösser sind als diese Kabellaufzeiten, so sind solche Effekte (wie
z.B. Überschwingen) nicht mehr zu beobachten. Ein Kabelabschluss
ist daher zur sauberen Übertragung einer Impulsform nur dann nötig, wenn die Kabellängen Laufzeiten produzieren, die grösser
als die Impuls-Anstiegs- und Abfallzeiten sind.

Man sieht an diesen einfachen Betrachtungen, dass der Idealfall
erreicht ist, wenn ein Koaxialkabel auf beiden Seiten mit dem
Wellenwiderstand abgeschlossen ist. In der Hochfrequenztechnik
ist dieser Zustand auch aus Gründen der optimalen Leistungsüber-
tragung erwünscht, da das Maximum der an einen Lastwiderstand
R_a übertragenen Leistung dann auftritt, wenn er gleich dem Innen-
widerstan R_i der Quelle ist.

In der Impulstechnik für kernphysikalische Anwendungen ist nun

nicht die übertragene Leistung das Hauptkriterium, sondern die
Impulshöhe (z.B. die Spannung) ist ein Mass für die Teilchenenergie oder andere Grössen. Um die hohen Forderungen an die
Linearität von Ausgangs-Verstärkerstufen einhalten zu können,
sollte eine bestimmte Impulshöhe sogar mit möglichst kleinem
Laststrom, d.h. mit möglichst kleiner Leistung erreicht werden.
Das hat dazu geführt, dass für die Übertragung von Analogsignalen
von einem Vorverstärker zu einem Hauptverstärker und von dort zu
weiteren amplitudenbewertenden Geräten eine möglichst hohe Kabel-
impedanz gewählt wird. Der höchste noch betriebssicher zu reali-
sierende Wellenwiderstand für Koaxialkabel (sehr dünner Innen-
leiter!) liegt bei 100 Ohm. Da er als Normwert von der Kabel-
industrie praktisch nicht hergestellt wird, wurde als nächst-
liegender Normwert Z=93 Ohm ausgewählt. Mit dieser Impedanz
sind Kabel wie z.B. der Typ RG-62A/U für BNC-Stecker erhältlich.
Praktisch alle Hersteller von Nuklearelektronik schreiben diesen
Wert für Analogsignale entsprechend dem linearen NIM Signal vor.

Eine weitere Verminderung der mittleren Ausgangsleistung von Ver-
stärkerausgängen und damit der thermischen Belastung kann dadurch
erreicht werden, dass ein Koaxialkabel nicht am Ende abgeschlossen
wird, sondern nur auf der Quellseite durch einen Serienwiderstand
(Abb.4.21.).

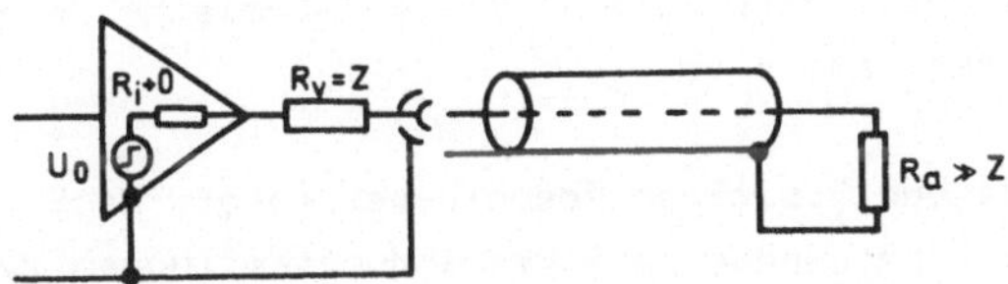

Abb.4.21.: Quellseitiger Serienabschluss eines Koaxialkabels

Der Verstärkerausgang am Kabelanfang ist für einen Innenwiderstand entsprechend dem Kabel-Wellenwiderstand dimensioniert, z.B.
in der Form eines niederohmigen Impedanzwandlers und Längswiderstand in Höhe des Wellenwiderstandes. In das Kabel läuft während

der Anstiegsflanke eines Impulses eine Sprungwelle mit der halben
Leerlaufamplitude hinein. Am hochohmigen Verstärkereingang auf
der anderen Seite des Kabels wird diese Sprungwelle ohne Phasen-
drehung reflektiert, so dass dort die doppelte Amplitude (=Leer-
laufspannung) erscheint. Die rücklaufende Sprungwelle wird am
Kabelanfang richtig abgeschlossen und nicht wieder reflektiert,
so dass trotz grösserer Kabellängen keine Störungen auftreten.
Das gleiche geschieht mit abfallenden Flanken, die kürzer als
die Kabellaufzeit sind, während langsame Änderungen (z.B. expo-
nentielle Abfälle) praktisch stationär übertragen werden.

Der Vorteil dieser Anordnung besteht darin, dass trotz Unterdrückung störender Kabelreflexionen die volle Leerlauf-Amplitude
des Ausgangsverstärkers (0...+10V) zur Verfügung steht, während
bei anfangs- und endseitigem Abschluss eine Spannungsteilung von
2:1 auftritt. Ein endseitiger Abschluss-Widerstand hat in hochauflösenden Spektroskopie-Systemen noch den weiteren Nachteil,
dass die temperaturabhängige Drift der Abschlusswiderstände
voll als Fehler in die Ausgangsamplitude eingeht, und daher hierfür nur Metallschicht-Widerstände mit extrem kleinem Temperatur-
Koeffizienten in Frage kommen.

Die Ausgangsleistung $P=U_0^2/Z$ muss vom Ausgangsverstärker in
diesem Falle nur für die doppelte Kabellaufzeit aufgebracht werden, da der Verstärker nur für diese Zeit den Kabeleingang als
reellen Widerstand sieht. Da diese Zeit meist sehr kurz gegenüber der Impulsdauer ist, sinkt die mittlere thermische Belastung
des Ausgangsverstärkers stark ab.

Dieses Verfahren des quellseitigen Abschlusses (engl. Back Termi-
nation) wird generell angewendet bei Verbindungsleitungen zwischen
Vor- und Hauptverstärkern für Impulshöhenmessungen, und sie ist
auch zu empfehlen für Linearsignal-Leitungen hinter dem Hauptverstärker, falls diese grössere Längen besitzen. In diesem Fall
ist in Serie zu einem niederohmigen Ausgang ein 93-Ohm-Längswider-
stand zu schalten, oder es ist ein häufig zusätzlich vorhandener
93-Ohm-Ausgang zu benutzen. Für kurze Verbindungsleitungen hinter
einem Hauptverstärker ist dagegen eine abschlussfreie Leitung mit
niederohmigem Ausgang und hochohmigem Eingang ausreichend.

Bei Benutzung sehr langer Verbindungsleitungen insbesondere
zwischen Vor- und Hauptverstärkern kommt es häufig zur Einkopplung
von Brummen (50 Hz) und Störungen durch Netz-Schaltspitzen und
Hochfrequenz (Beschleuniger, Rundfunksender u.ä.). Diese Einkopplung ist meist auf die unbeabsichtigte Verlegung von sogenannten "Brummschleifen" zurückzuführen (Abb.4.22.).

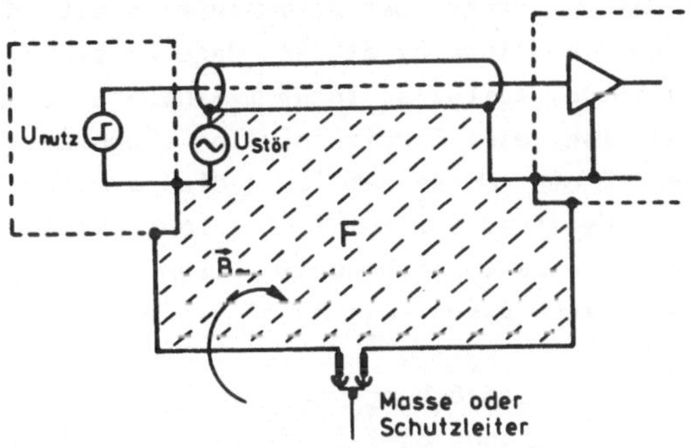

Abb.4.22.: Störeinkopplung durch Brummschleifen

Eine solche Schleife wird gebildet durch die Abschirmung des
Koaxialkabels und die zusammenhängenden Masse- bzw. Schutzleiter
der Stromversorgungen von Vor- und Hauptverstärker. Ein magneti-
sches Stör- oder Brumm-Wechselfeld, welches durch die Fläche der
so gebildeten Schleife greift, erzeugt durch "Spannungsabfall"
am Aussenleiter des Koaxialkabels (genauer gesagt: an der Transfer-Impedanz des Kabels und der Koaxial-Steckverbindungen) ein
Störsignal, welches in Serie zu dem Nutzsignal liegt. Das Störsignal kann verkleinert werden durch:

- Verkleinern der Transfer-Impedanz der Koaxialleitung, d.h.
  doppelte Abschirmung des Kabels, Verwendung von Kupfer-Voll-
  mantel-Kabeln, Benutzung von Steckverbindungen mit kontakt-
  sicherem Aussenleiter (verschraubbare Steckverbinder statt

Bajonett-Verbinder),

- Verkleinerung der Fläche, durch die das Störfeld greift,

- Kompensation durch symmetrische (Gegentakt-) Übertragung und
  Differenzverstärker-Eingänge.

Es ist immer zu empfehlen, das Stromversorgungskabel eines Vorverstärkers dicht am Signalkabel entlang zu führen und vom Hauptverstärker aus zu speisen, statt von einem weit abseits stehenden
separaten Netzgerät. Das Auftrennen der Brummschleife z.B. durch
Entfernen der Schutzerde von einem Gerät, ist dagegen sicherheits-
technisch höchst bedenklich, teilweise sogar lebensgefährlich,
da die Geräte normalerweise keine Schutzisolation (Schutzklasse 2)
besitzen oder besitzen können. Ausserdem führt dieses Auftrennen
nur bei Einkopplung der Netzfrequenz zum Ziel, nicht dagegen bei
höheren Frequenzen oder kurzzeitigen Schaltimpulsen, da hier die
Schleife auch kapazitiv geschlossen sein kann.

Eine elegante Methode zur Unterdrückung von Störsignalen in elek-
tromagnetisch verseuchter Umgebung bietet die symmetrische Signal-
übertragung über zwei Koaxialleitungen im Gegentakt (Abb.4.23.).

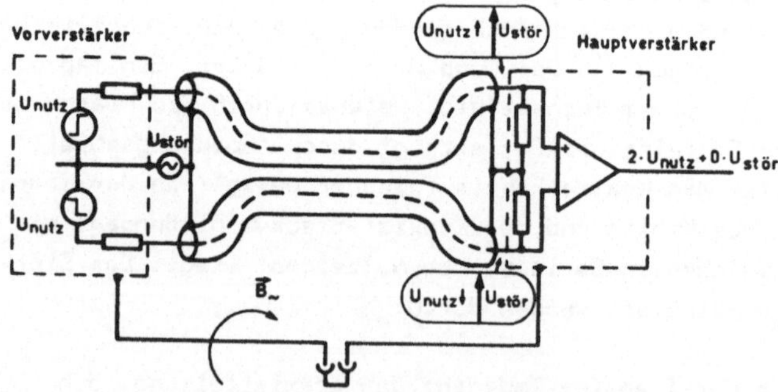

Abb.4.23.: Störunterdrückung durch Gegentakt-Übertragung

Zwischen Vor- und Hauptverstärker oder zwei weit voneinander ent-
fernten Geräten werden zwei gleich lange Koaxialkabel dicht neben-
einander verlegt, so dass die von ihnen eingeschlossene Fläche
möglichst klein ist (ideal wäre ein symmetrisches Koaxialkabel
oder ein Koaxialkabel-Paar mit gemeinsamer zweiter Abschirmung).
Das Signal wird in die Kabeleingänge mit umgekehrter Polarität
(im Gegentakt) eingespeist. Der Verstärkereingang am Kabelende
besteht aus einem Differenzverstärker mit guter Gleichtakt-Unter-
drückung. Das an der Transfer-Impedanz des Koaxialkabels abfallende Störsignal tritt nun an beiden Eingängen des Differenz-Ver-
stärkers als Gleichtakt-Signal auf und wird unterdrückt, während
das Nutzsignal als Gegentakt-Signal erscheint und weiterverstärkt
wird. Der gleiche Effekt kann auch mit Eintakt-Vorverstärkern
erreicht werden, wenn das zweite Kabel nur parallel zum ersten
verlegt und am Anfang mit dem gleichen Widerstand abgeschlossen
ist wie das Nutzsignal-Kabel, jedoch kein Signal erhält. Auch in
diesem Fall ist jedoch ein Differenzverstärker-Eingang am Ende
erforderlich.

Geräte für positive (langsame) logische NIM-Signale haben üblicherweise einen niedrigen Ausgangswiderstand (ca. 10 Ohm) und einen
hohen Eingangswiderstand (ca. 1000 Ohm), für die Verbindungsleitungen wird Z=93 Ohm empfohlen. Für kurze Verbindungsleitungen
(<1m) ist ein Betrieb ohne Abschluss möglich. Da jedoch die Impulse meist Rechteckform haben und die Anstiegs- und Abfall-Flanken
vor allem bei neueren Geräten schon in Zeitbereiche von einigen
10ns herabreichen, ist schnell eine Kabellänge erreicht, bei der
Oberschwingen auf den Flanken sichtbar wird. Hier ist es üblich,
am Ende eines Kabels einen Parallel-Abschlusswiderstand (z.B.
über ein BNC-T-Stück) anzubringen (Abb.4.24.), da an die Linearität und genaue Amplitude des Impulses keine Anforderungen
gestellt werden.

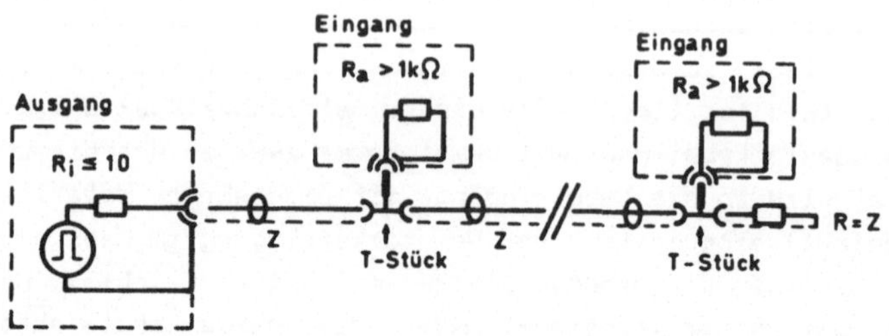

Abb.4.24.: Kabel-Abschluss von positiven logischen NIM-Signalen

Wichtig ist hier, dass ein Ausgang nur einmal, und zwar am Ende einer Leitung, abgeschlossen werden darf. Leitungsverzweigungen sind zu vermeiden, statt dessen sollte nur ein einziger Leitungszug (über T-Stücke) von einem Eingang zum nächsten gezogen und erst am letzten abgeschlossen werden. Falls sichergestellt ist, dass das logische Signal am Ausgang eines Gerätes durch Spannungsabfall an dessen Innenwiderstand nicht unter die H-Schwelle der Eingänge fällt, und die Ausgänge nicht überlastet werden, ist auch eine Benutzung von Kabeln mit anderen Wellenwiderständen und Abschlüssen (z.B. Z=75 Ohm oder Z=50 Ohm) zulässig.

Im Gegensatz zu linearen und positiven logischen Signalen sind die negativen (schnellen) logischen NIM-Signale ausschliesslich für 50-Ohm-Koaxialsysteme definiert. Ein Eingang muss immer einen reellen Eingangswiderstand von 50 Ohm besitzen. Der Ausgang ist definiert als Stromquelle, die einen Stromimpuls in einen 50-Ohm-Abschluss einspeist. Dieser Ausgang kann sowohl realisiert sein als Impedanzwandler mit 50 Ohm Innenwiderstand, wie auch (in der Mehrzahl der Fälle) als hochohmige Stromquelle, die einen eingeprägten Strom (unabhängig vom Belasungswiderstand) liefert (Abb.4.25.).

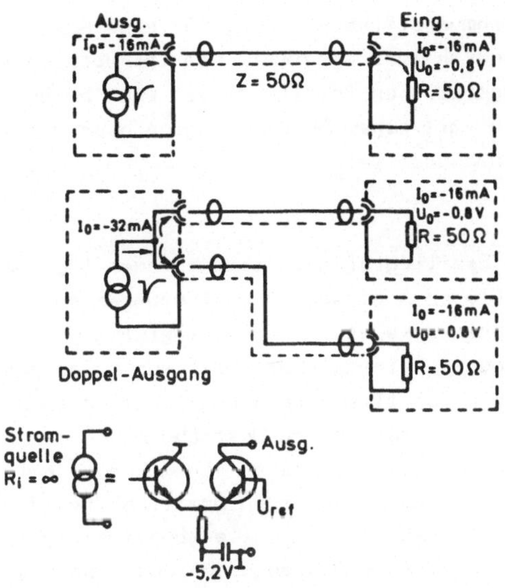

Abb.4.25.: Kabel-Verbindungen und Impedanzen für
negative (schnelle) logische NIM-Signale

Hieraus ist sofort ersichtlich, dass ein negativer logischer NIM-
Ausgang nur einen negativen logischen NIM-Eingang ansteuern kann.
Kabelverzweigungen sind prinzipiell nicht statthaft, da ein auf
zwei Lastwiderstände aufgeteiltes Stromsignal die Umschaltschwelle
eines Eingangs nicht mehr erreichen könnte. Die Technik des
"Durchschleifens" eines Signals durch mehrere hochohmige Eingänge und Abschluss erst am letzten wie in Abb.4.22. ist hier
nicht mehr zu verwirklichen, da für die kurzen Anstiegsflanken
im ns-Bereich bereits die kurzen Leitungsstücke von einem T-Stück
über die Eingangsbuchse zur Eingangsschaltung eines Gerätes eine
unerträglich starke kapazitive Stosstelle darstellen würde.

Für die Ansteuerung mehrerer Eingänge durch einen Ausgang müssen

Verzweigungsverstärker (sog.Fan-Out-Schaltungen) verwendet werden.
Häufig besitzen die Ausgänge schneller Logik-Module bereits Verstärker, die zwei 50-Ohm-Lasten ansteuern können. Im einfachsten
Fall wird dazu ein Stromverstärker-Ausgang für eine Amplitude
von -32mA ausgelegt und an zwei parallele Koaxial-Buchsen angeschlossen. Für ordnungsgemässen Betrieb müssen dann beide Buchsen
entweder über ein Kabel mit einem 50-Ohm-Eingang oder mit einem
Abschlusswiderstand verbunden sein.

Für den Anschluss von Oszillografen an lineare oder logische Sig-
nalleitungen gelten alle oben gemachten Ausführungen entsprechend.
Die Parallelschaltung eines Kabels zum Oszillografen über ein
T-Stück an eine vorhandene Leitung führt bei Längen von mehr als
einigen 10cm insbes. bei positiven logischen Signalen zu zusätzlichen Reflexionen und Störungen durch Oberschwingen. Man sollte
sich statt dessen bemühen, die Leitung in einem Zug zu belassen
und über ein T-Stück an einem hochohmigen Oszillografen-Eingang
(Abb.4.26.a) durchzuschleifen. Für schnelle negative logische
NIM-Signale ist selbst dieses Verfahren ungeeignet, da die Eingangskapazität zu hoch ist (s.o.). Sauber ist hier nur die Benutzung einer Fan-Out-Schaltung.

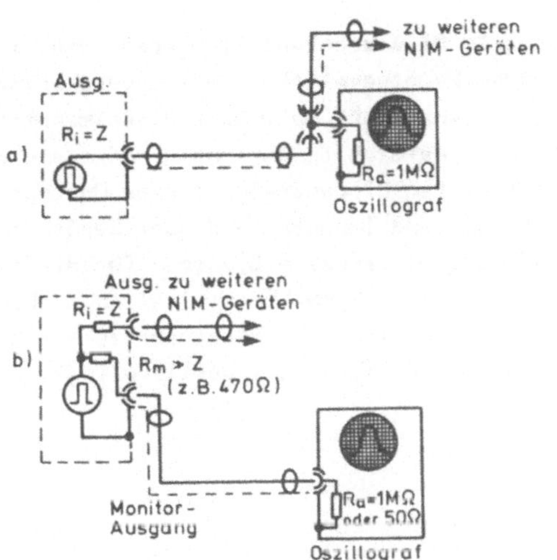

Abb.4.26.: Oszillografen-Anschluss an Signale von NIM-Modulen
a) direkt, b) über Monitor-Ausgang

Hilfreich sind in diesen Fällen hier die sogenannten Monitor-
Ausgänge von Nuklearelektronik-Geräten (Abb.4.26.b). Diese Ausgänge sind über höhere Widerstände (0,5-1 kOhm) parallel zu den
normalen Ausgängen geschaltet, so dass sie diese nicht beeinflussen. Diese Widerstände wirken zusammen mit dem Eingangswiderstand eines Oszillografen (1 MOhm oder 50 Ohm) als Spannungsteiler, der bei Amplitudenmessungen berücksichtigt werden muss.
Häufig sind die Monitor-Buchsen nur als kleine einpolige Buchsen
für momentanen Tastkopf-Anschluss konstruiert. Wenn sie mit einem
10:1-Teilertastkopf verbunden werden, so ist der Teilungsfaktor
durch den eingebauten Widerstand wegen der hohen Tastkopf-Impe-
danz zu vernachlässigen, und es ergeben sich richtige Amplitudenmessungen ohne Korrektur.

5. Analoge Impulsverarbeitung

Im Kapitel 5 sollen alle Geräte behandelt werden, die lineare
Signale (z.B. von einem Hauptverstärker) weiterverarbeiten. Sie
können, wie z.B. die sogenannten Amplituden-Diskriminatoren,
lineare Signale in logische Signale umwandeln, oder sie können
in Abhängigkeit vom linearen Eingangssignal neue Analogsignale
erzeugen. Die Signalpegel und Impedanzen dieser Geräte entsprechen dem linearen NIM-Signal (siehe 4.8.) oder für die Hochenergiephysik den schnellen Linearsignal-Spezifikationen. Die logischen
Signale dieser Gerätegruppe sind i.a. nicht für zeitkritische
Anwendungen gedacht und daher meist als positive logische NIM-
Signale ausgelegt.

5.1. Diskriminator

Ein Diskriminator, genauer ein Amplituden-Diskriminator oder
Schwellwert-Diskriminator, ist ein Gerät, welches die Amplitude
eines linearen Eingangssignals überwacht und bei Überschreiten
einer einstellbaren Schwelle ein logisches Signal abgibt. Diese
Geräte heissen auch Integral-Diskriminatoren, da die Ausgangs-
Zählrate das Integral über die Zählrate eines Amplituden- (Ener-
gie-) Bereichs oberhalb einer Schwelle ist.

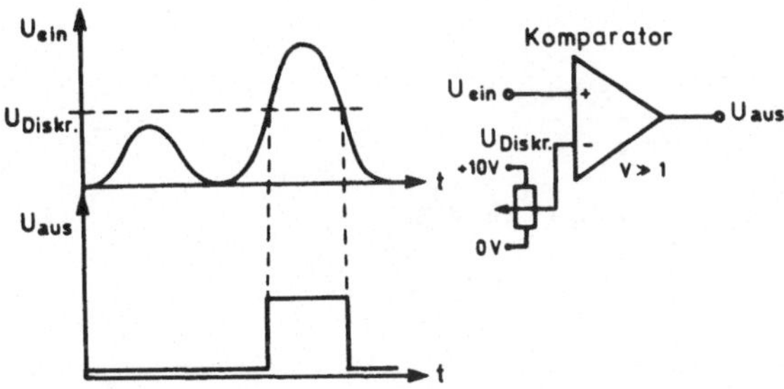

Abb.5.1.: Amplituden-Diskriminator

Im einfachsten Falle ist ein solcher Amplituden-Diskriminator
als Komparator /20/ unter Benutzung eines Operationsverstärkers
entsprechender Bandbreite aufgebaut (Abb.5.1.). Falls ein solcher
Komparator mit langsam veränderlichen oder verrauschten Signalen
angesteuert wird, so kann es vorkommen, dass der Komparator-Ausgang in einem bestimmten Zeilbereich dauernd hin- und herschaltet
oder im Übergangsbereich schwingt. Um dies zu vermeiden, wird
der Komparator häufig über eine Mitkopplung zu einem Schmitt-
Trigger erweitert, der eine Hysterese $U_H = (R_1/R_F)(U_{a\,max} - U_{a\,min})$
aufweist (Abb.5.2). Es muss jedoch berücksichtigt werden, dass
der dynamische Bereich eines Diskriminators nie grösser sein kann
als das Verhältnis von maximaler Amplitude zu Hysterese. Für einen
grossen Dynamik-Bereich (s.u.) muss daher die Hysterese klein gehalten werden.

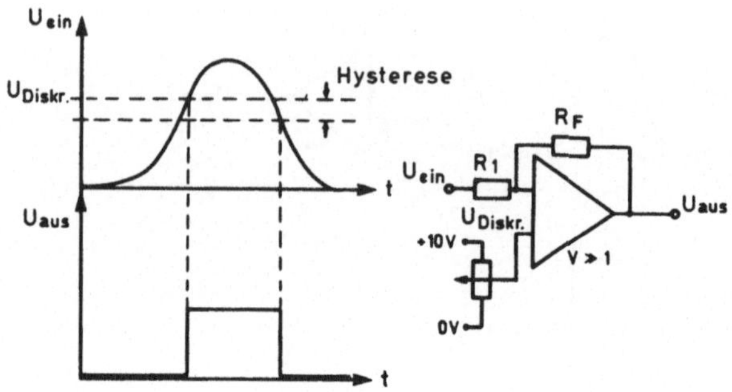

Abb.5.2.: Amplituden-Diskriminator mit Schmitt-Trigger

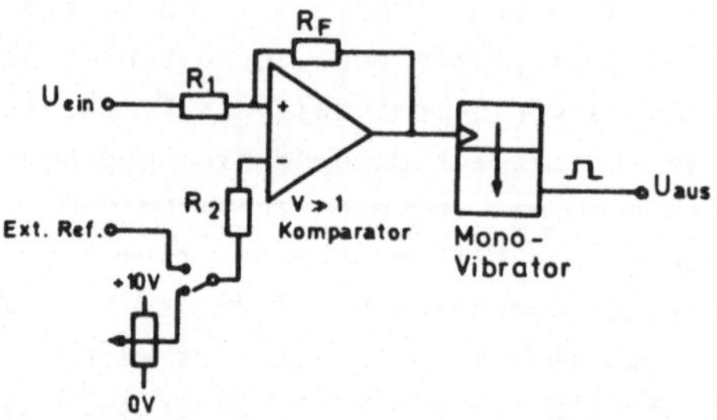

Abb.5.3.: Gesamtschaltung eines Amplituden-Diskriminators

Die Gesamtschaltung eines Diskriminator-Einschubs wird meist
erweitert um einen Monovibrator /20/, der vom Ausgang des Kompa-
rators oder Schmitt-Triggers angestossen wird und ein logisches
Ausgangssignal konstanter Breite (z.B. 500ns) liefert (Abb.5.3.).
Der Komparator- oder Schmitt-Trigger-Eingang ist bei neueren
Geräten gleichspannungsgekoppelt, um auch bei hohen Zählraten
eine Nullinien-Verschiebung zu vermeiden. In einigen älteren
RC-gekoppelten Geräten ist der Eingang zu diesem Zweck mit einer
Klemmschaltung (Baseline Restorer) versehen.

Die Temperaturstabilität der Schwelle eines Diskriminatoreinschubs ist meist besser als 10^{-4} /K, die Linearitätsabweichung der Einstellung kleiner als 0,5% und der dynamische Bereich 200:1 bis 500:1 .

Amplituden-Diskriminatoren werden auch in sehr grossem Umfang für die Erzeugung von Zeitsignalen verwendet. Diese Aspekte werden im Kapitel 6 ausführlich behandelt.

5.2. Einkanal-Diskriminator

Ein Einkanal-Diskriminator (engl. Single Channel Analyzer, SCA) oder Differential-Diskriminator besteht aus zwei Amplituden-Diskriminatoren, deren Schwellen einen bestimmten Abstand haben. Wenn eine Impulshöhe die untere der beiden Schwellen überschreitet, nicht jedoch die obere, so befindet sie sich im "Fenster" oder "Kanal" und bewirkt ein logisches Ausgangssignal des Gerätes (Abb.5.4.).

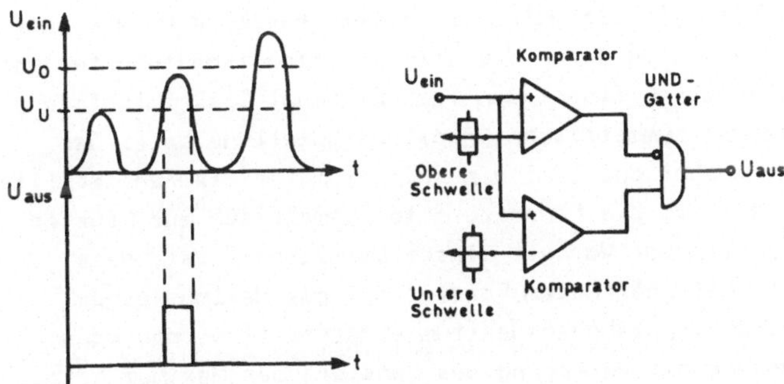

Abb.5.4.: Einkanal-Diskriminator

Die Schwelleneinstellung von Einkanal-Diskriminatoren ist meist für zwei Betriebsarten umschaltbar. In der ersten werden die

untere und obere Schwelle separat eingestellt (wie in Abb.5.4.),
in der zweiten (Fenster- oder "Window"-Betrieb) wird mit einem
Potentiometer die untere Schwelle und mit dem zweiten die Diffe-
renz zwischen unterer und oberer Schwelle, das sog. Fenster oder
"Window", eingestellt. In diesem Fall (Abb.5.5.) wird für die
Erzeugung der oberen Schwellen-Referenzspannung eine schwebende
Referenzspannungsquelle benötigt, die z.B. in Form einer Konstant-
Stromquelle realisiert ist, die ein auf der unteren Referenz-
spannung aufgestocktes Potentiometer versorgt. Die Fensterein-

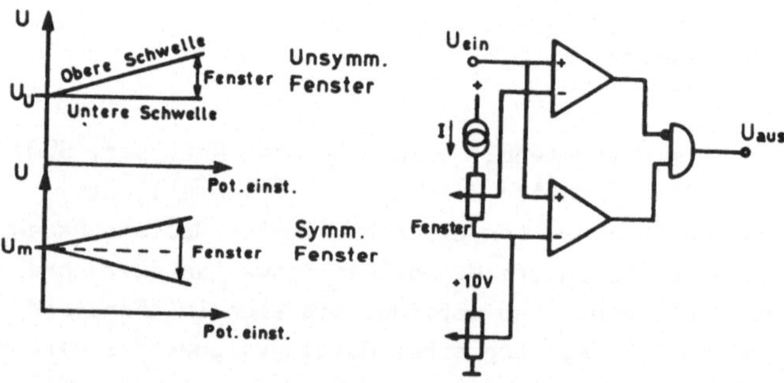

Abb.5.5.: Einkanal-Diskriminator im Fenster-Betrieb

stellung geschieht in diesem Falle unsymmetrisch, d.h. der untere
Rand des Fensters wird durch die untere Referenzspannung festgehal-
ten. Verschiedentlich findet man auch Einkanal-Diskriminatoren,
die wahlweise mit symmetrischer Fenstereinstellung betrieben
werden können. Dabei bestimmt ein Potentiometer die Fenstermitte,
mit dem zweiten wird die Fensterbreite symmetrisch zur Fenster-
Mitte eingestellt. Der Vorteil dieser Betriebsart ist, dass
das Gerät bei weit geöffnetem Fenster auf das Maximum einer
"Linie" in einem Impulshöhenspektrum eingestellt werden kann,
und anschliessend bei Verengung des Fensters das Maximum beibe-
halten wird.

Weiterhin sind die meisten Einkanal-Diskriminatoren in einer
speziellen Schalterstellung als Integral-Diskriminatoren zu betreiben, wobei die logische Wirksamkeit der oberen Schwelle

ausser Betrieb gesetzt wird.

Viele Einkanal-Diskriminatoren bieten die Möglichkeit, zusätzlich
zur Einstellung der Schwellen mittels Potentiometer die Referenzspannungen auch über Buchsen von aussen einzuspeisen. Dies kann
dazu dienen, mehrere Diskriminatoren mit der gleichen einstellbaren oder über Digital-Analog-Wandler programmierbaren Schwelle
zu versorgen oder z.B. die Abtastung eines Impulshöhen-Spektrums
statt mit einem Vielkanal-Analysator auf einfache, wenn auch
langsame Weise über das kontinuierliche oder stufenweise Hoch-
fahren der unteren Schwelle bei fester Fenstereinstellung und
Bestimmung der jeweiligen Zählrate am Ausgang zu bewerkstelligen.

Da der untere und der obere Komparator eines Einkanal-Diskriminators bei üblichen Anstiegszeiten von Analogsignalen zu verschiedenen Zeiten ansprechen, kann das logische Ausgangssignal
erst nach Überschreiten der oberen Schwelle bzw. nach dem Maximum
des Eingangsimpulses abgegeben werden. Üblicherweise wird dazu das
Ansprechen der oberen Schwelle in einem Flip-Flop oder rücksetz-
baren Monovibrator gespeichert, welcher nach Rückkehr des Analogsignals unter die untere Schwelle zurückgesetzt wird (Abb.5.6.).

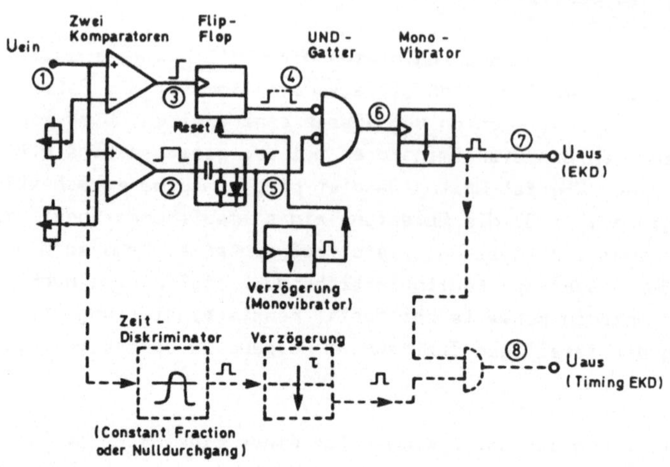

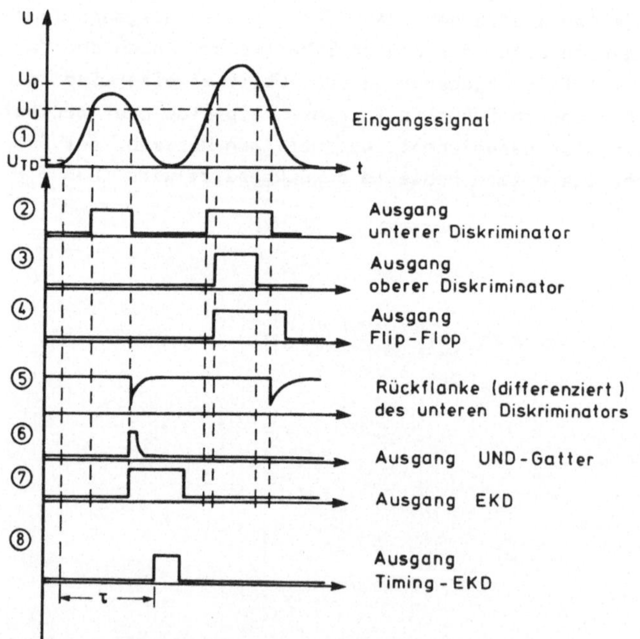

Abb.5.6.: Zeitlicher Bezug ("Timing") des Ausgangssignals eines Einkanal-Diskriminators zum Eingangssignal

Zu diesem Zeitpunkt, d.h. nach Unterschreiten der unteren Schwelle
und vor Rücksetzen des Flip-Flops, wird durch logische Kombination der Stellung des Flip-Flops und des Schaltzustands des
unteren Diskriminators ein Ausgangssignal abgegeben oder unterdrückt.

In dieser einfachen Schaltung hängt der Zeitpunkt des Ausgangssignals von der Höhe und Anstiegszeit des Eingangssignals ab.
Da dies für viele Anwendungen (z.B. Koinzidenz-Anlagen) unerwünscht ist, sind Einkanal-Diskriminatoren häufig mit einem der
noch später zu besprechenden Zeitsignal-Diskriminatoren kombiniert (sog. Timing SCA's). Diese Geräte liefern das Ausgangssignal zu einem genau definierten Zeitpunkt nach Eintreffen des
Eingangssignals unabhängig von Amplitude und Anstiegszeit.
Dieser Zeitpunkt kann natürlich frühestens nach Rückkehr des
Analog-Impulses unter die untere Schwelle liegen, so dass eine
Grundverzögerung entsprechend der Impulsbreite dieses Analogsignals unvermeidlich ist.

In älteren Timing-SCA's wird als Zeit-Diskriminator ein Nulldurchgangs-Trigger (siehe 6.2.) verwendet. Daher müssen solche
Einkanal-Diskriminatoren mit einem doppelt-differenzierten Analogsignal aus einem entsprechenden Hauptverstärker angesteuert
werden. Der logische Ausgangsimpuls erscheint dann zum Zeitpunkt
des Nulldurchgangs des Analogsignals.

Modernere TSCA's wenden durchweg hierfür das "Constant Fraction"-
Prinzip (siehe 6.2.) an. In diesem Fall liegt der frühestmögliche
Zeitpunkt für das Ausgangssignal bei der doppelten Anstiegszeit
des Analog-Impulses, d.h. bei symmetrischen Impulsen direkt nach
Beendigung des unipolaren Impulses.

5.3. Lineares Tor

Ein lineares Tor (engl. Linear Gate) ist ein elektronisch ge-
steuerter Schalter im Zuge einer Leitung für Analogsignale. Er
soll im durchgeschalteten Zustand das Eingangssignal original-
getreu, d.h. ohne Amplitudenänderungen oder Verzerrungen, zum
Ausgang weiterleiten, und im gesperrten Zustand das Ausgangssignal unterdrücken, d.h. unterhalb der Nachweisschwelle nachfolgender Geräte halten (Abb.5.7.).

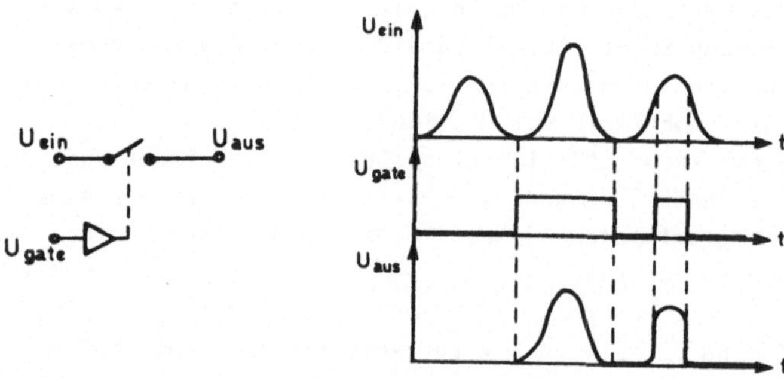

Abb.5.7.: Lineares Tor (Prinzip)

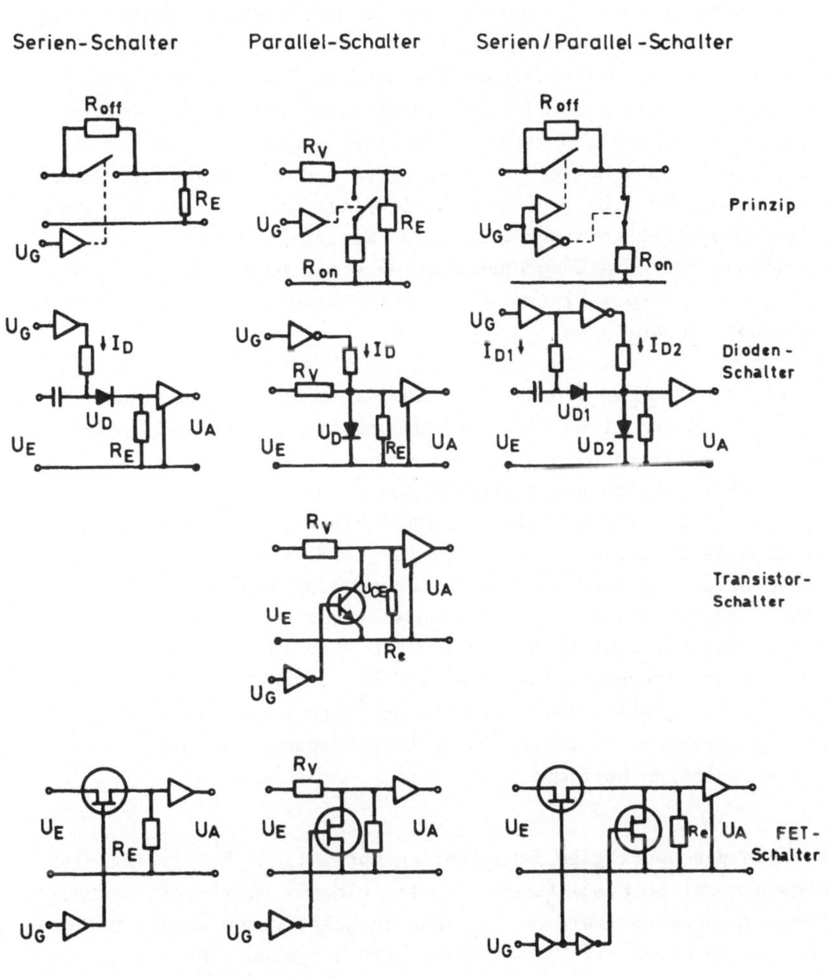

Abb.5.8.: Lineares Tor (Realisierung)

Wie in Abb.5.7. dargestellt ist, kann diese Funktion durch einen
Serien-Schalter erfüllt werden, der im geschlossenen Zustand das
Tor öffnet und durchlässig macht, oder durch einen Parallel-
Schalter, der im geschlossenen Zustand das Analog-Signal kurz-
schliesst und damit das Tor schliesst. Vielfach werden Kombinationen aus Serien- und Parallel-Schalter angewendet, um die Vorteile der Einzelschalter zu kombinieren und die Nachteile zu vermeiden. So kann z.B. ein Parallel-Schalter dazu dienen, das kapazitive Übersprechen eines geöffneten Serien-Schalters kurzzu-
schliessen oder die Eingangskapazität eines nachfolgenden hochohmigen Verstärkers bis zum Eintreffen des nächsten Impulses mit
Sicherheit zu entladen.

Die wichtigsten Kenngrössen für lineare Tore sind die Signalabschwächung und Linearität des Ausgangssignals bei geöffnetem
Tor, die Isolation (Signaldurchgriff) bei gesperrtem Tor sowie
der Einfluss des Gate-Signals auf das Ausgangssignal (Gate-Durchgriff). Bei Serien-Schaltern bestimmt der Durchlasswiderstand R_{on}
des Schalters zusammen mit dem Eingangswiderstand R_e der nachfolgenden Schaltung die Signalabschwächung, der Sperrwiderstand
(häufig dessen kapazitive Komponente) zusammen mit R_e die Isolation. Bei Parallel-Schaltern ist die Durchlassdämpfung durch
den notwendigen Vorwiderstand R_v und R_e vorgegeben (wobei leicht
$R_{off} \gg R_e$ einzuhalten ist), während der Durchlasswiderstand R_{on}
(häufig zusammen mit dessen induktiver Komponente) zusammen mit
R_v die Isolation bestimmt.

Da wegen der benötigten Schaltzeiten mechanische Relais für diese
Aufgabe nicht in Frage kommen, müssen hierfür elektronische Bauelemente verwendet werden. In früheren Schaltungen wurden Serien-
schalter durchweg mit Halbleiter-Dioden aufgebaut, Parallel-
Schalter mit Halbleiter-Dioden oder bipolaren Transistoren.
Die Nachteile eines Dioden-Serien-Schalters bestehen hauptsächlich in der schlechten Linearität, die durch den stromabhängigen
differentiellen Widerstand einer Dioden-Kennlinie verursacht
wird, sowie in einer nahezu konstanten Fluss-Spannung in Durch-
lassrichtung, die während der Öffnungszeit ein zusätzliches

Gleichspannungs-Potential (Gate-Durchgriff) am Ausgang erscheinen lässt. Die gleiche Art des Gate-Durchgriffs erscheint auch bei Parallel-Schaltern mit Dioden durch deren Flusspannung und mit bipolaren Transistoren durch deren Collector-Emitter-Sättigungs-spannung. Durch Tore in Brückenschaltung /19/ mit 4 oder 6 Dioden und Verwendung von ausgesuchten Dioden mit gleichen Kennlinien sind jedoch solche Durchgriffs-Effekte zu kompensieren. Wegen der kurzen Schaltzeiten von Dioden sind Dioden-Tore in schnellen Hochenergie-Anwendungen daher nach wie vor üblich.

In der Niederenergie-Kernphysik mit den grösseren Signalpegeln bis zu 10V und den wesentlich grösseren Linearitätsanforderungen haben sich dagegen Feldeffekt-Transistoren (FET's) als Analog-schalter durchgesetzt (Abb.5.8.). Die Gate-Drain-Strecke eines FET lässt sich als ein über die Gate-Spannung in weiten Grenzen steuerbarer Widerstand betreiben, der sich bis zu grossen Ampli-tuden linear und passiv verhält, d.h. keine konstanten Fluss- oder Sättigungsspannungen erzeugt. Mit speziellen FET-Bauformen lassen sich Durchlasswiderstände von wenigen Ohm und Sperrwider-stände von mehreren MOhm bei sehr kleinen Parallel-Kapazitäten und Serien-Induktivitäten erzeugen. Ein lineares Tor aus einer Kombination von Serien- und nachfolgendem Parallel-FET-Schalter erreicht daher leicht Werte für Linearität und Isolation bei verschwindendem Gate-Durchgriff, der für die Auflösung der Ge-samtanlage nicht mehr bestimmend ist.

Der Gate-Eingang von linearen Torschaltungen lässt sich meist auf die Betriebsarten Koinzidenz und Antikoinzidenz umschalten. Im ersten Fall wird das Tor nur für die Gate-Periode geöffnet, im zweiten Fall nur für diese Zeit gesperrt.

5.4. Impulsdehner (Stretcher)

Die von Hauptverstärkern erzeugten Ausgangsimpulse mit einer
doppeltexponentiellen oder Glocken-Kurve können in dieser Form
nicht in allen analogverarbeitenden Geräten direkt weiterverwen-
det werden. Schwierigkeiten treten vor allem auf, wenn aus Zählratengründen die Zeitkonstanten von Hauptverstärkern auf Werte
unter einer Mikrosekunde eingestellt sind. Häufig wird ein Signal benötigt, dessen Maximalamplitude über einen bestimmten Zeitbereich (z.B. 2µs) konstant ansteht, also Rechteckform hat. Man-
che ADC's lassen sich nur mit solchen Signalen ansteuern. Schaltungen, die aus beliebig geformten Impulsen Rechteckimpulse der
gleichen Höhe mit einstellbarer Dauer erzeugen, werden Impulsdehner (engl. Stretcher) genannt.

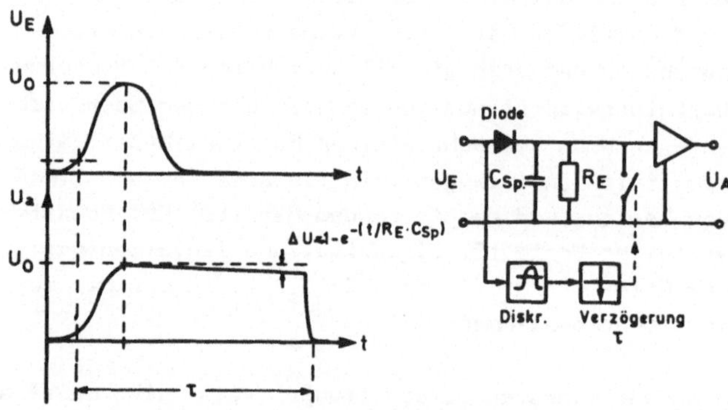

Abb.5.9.: Impulsdehner (Stretcher)

Um diese Funktion zu erreichen, wird ein Ladekondensator vom
Eingangssignal über eine Diode und einen Vorwiderstand oder eine
gesteuerte Stromquelle aufgeladen (Abb.5.9.). Nach Überschreiten
des Maximums sperrt diese Diode, und der Kondensator wird nur über
den sehr hohen Eingangswiderstand eines nachfolgenden Verstärkers
exponentiell entladen. Bei erreichen der gewünschten Impulsdauer
betätigt eine mit der Vorderflanke des Impulses getriggerte Ver-
zögerungstufe (Monovibrator) einen Parallelschalter (Transistor

oder FET), der den Speicherkondensator in kurzer Zeit entlädt.
Dieser Entladeschalter wird meist über einen vom Eingangssignal
getriggerten Diskriminator angesteuert, so dass dann nur Impulse
einer bestimmten Mindestamplitude gedehnt werden können.

Die kritischste Kenngrösse eines Impulsdehners ist der Abfall
des Impulsdaches durch Entladung des Speicherkondensators. Durch
nachfolgende FET-Verstärker mit sehr hohen Eingangswiderständen
und gute Isolationsmaterialien sind zwar Abfall-Werte von
0,1-0,3 mV/µs erreichbar, jedoch können die Auflösungsdaten von
sehr hochauflösenden Spektrometern hierdurch schon deutlich verschlechtert werden.

5.5. Lineares Tor und Impulsdehner (Linear Gate - Stretcher)

Die in 5.4. beschriebenen Impulsdehner werden vielfach mit linearen Toren kombiniert und in einem Gerät als sog. "Linear Gate-
Stretcher" angeboten. Mit diesen Geräten lassen sich neben den
für viele ADC's benötigten rechteckförmigen Impulsen auf elegante
Weise Verzögerungsstufen für Analogsignale verwirklichen.

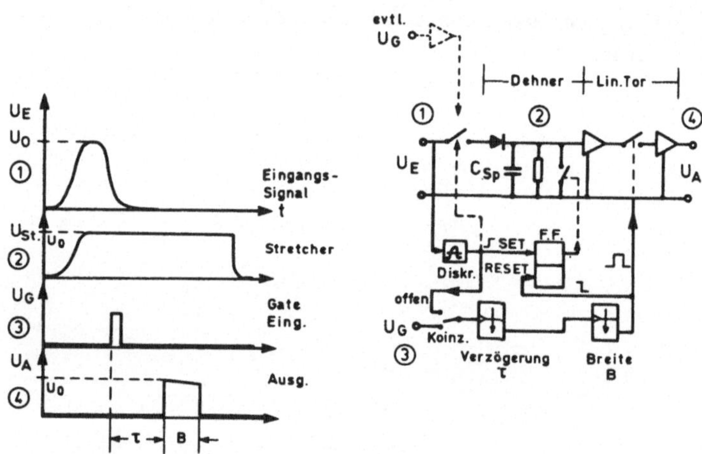

Abb.5.10.: Lineares Tor mit Impulsdehner
(Linear Gate - Stretcher)

Der Impuls wird in einem Impulsdehner nach 5.4. gedehnt und dann
auf eine lineare Torschaltung gegeben. Dieses Tor wird durch einen
externen Gate-Impuls angesteuert und öffnet mit der Vorderflanke
dieses Impulses oder zu einer einstellbaren Zeit nach dieser Flanke das Tor für eine vorgegebene Zeit (z.B. 2μs). Nach Ablauf
dieser Zeit wird der Speicherkondensator des Dehners entladen,
und die Schaltung ist für den nächsten Impuls bereit. Da die
Totzeit einer solchen Schaltung der Verzögerungszeit entspricht,
wird häufig, um Störungen bei hohen Zählraten zu vermeiden oder
bei hohen Zählraten Koinzidenzentscheidungen zu ermöglichen,

ein weiteres lineares Tor vor dem Dehner angeordnet. Dieses Tor
trennt während der Abarbeitungszeit des Dehners den Eingang ab
(Antikoinzidenz-Schaltung). Es ist nicht in allen Geräten für
den Benutzer von aussen verfügbar. Falls es eine separate Gate-
Eingangsbuchse besitzt, kann es als eigentliches Gate für Koin-
zidenzexperimente benutzt werden, während das zweite Gate dann
nur zur Verzögerung und Impulsformung dient.

Durch die Einstellung der Verzögerung des Digitalsignals zwischen
Analogsignal-Vorderflanke und Gate-Signalflanke lässt sich das
Analogsignal kontinuierlich verzögern, ohne dass es zu Impuls-
verzerrungen kommt. Die Grenze der Anwendbarkeit insbes. in hoch-
auflösenden Spektrometern wird, wie bereits in 5.4. erwähnt, durch
die Eigenentladung des Speicherkondensators bestimmt. Bei diesen
Geräten ist die Ausgangsamplitude in kleinem Masse von der Ver-
zögerungszeit abhängig (0,1-0,5mV/µs), und die Stabilität der
Amplitude hängt von der Stabilität der Verzögerungszeit ab.
Daher wird bei ADC-Auflösungen von 4096 Kanälen und mehr vom
Gebrauch dieser Geräte abgeraten.

5.6. Fenster-Verstärker (Biased Amplifier)

Fenster-Verstärker (engl. Biased Amplifier) dienen dazu, Amplitudenbereiche eines Impulshöhenspektrums auf den vollen dynamischen Bereich von z.B. O...+10V zu dehnen, um hier die volle Auflösung eines ADC wirksam werden zu lassen (Abb.5.11.).

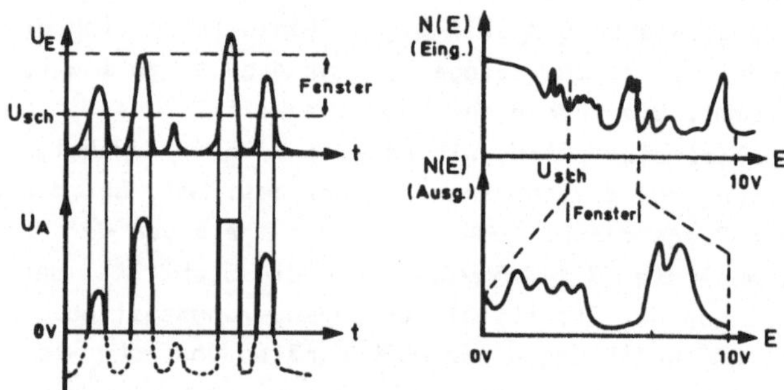

Abb.5.11.: Fenster-Verstärker (Biased Amplifier)

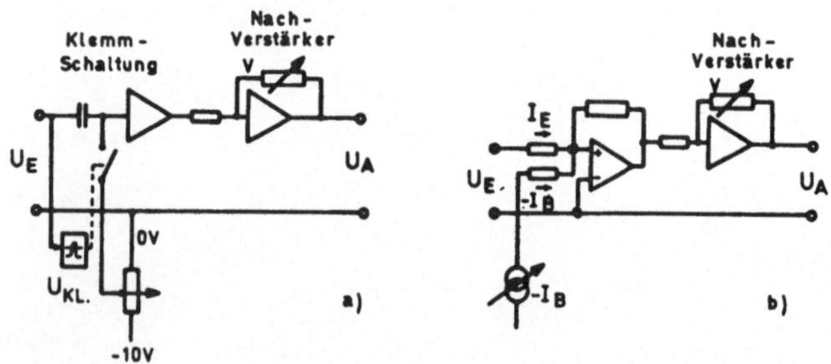

Abb.5.12.: Ausführungsformen von Fenster-Verstärkern
a) wechselspannungs-, b) gleichspannungsgekoppelt

Mit einer einstellbaren Schwelle lässt sich die untere Grenze des interessierenden Durchlassbereichs einstellen, mit einem Verstär-

ker mit stufenweise oder kontinuierlich einstellbarer Verstärkung
kann der oberhalb der Schwelle liegende Amplitudenanteil so hoch
verstärkt werden, dass am oberen Rand des zu dehnenden Bereichs
+10V erreicht werden. Üblicherweise werden alle Amplituden >10V
von einem schnellen Begrenzer abgeschnitten, um Totzeiteffekte
nachfolgender Stufen durch Übersteuerung zu vermeiden.

Bei älteren wechselspannungsgekoppelten Geräten wird die Schwelle
dadurch erzeugt, dass der Fusspunkt des Eingangssignals mittels
einer passiven oder aktiven Klemmschaltung (siehe 4.6.) auf eine
variable Spannung von 0...-10V geklemmt wird. Eine auf eine Trenn-
verstärker folgende Halbleiter-Diode lässt nur den positiven
Anteil des geklemmten Signals passieren, der dann in einem Nachverstärker auf den benötigten Pegel angehoben wird.

In gleichspannungsgekopelten Geräten wird diese Null-Linien-Verschiebung in den negativen Bereich durch Summierung von Strömen
in einem schnellen Operationsverstärker erreicht. Hinter diesem
Operationsverstärker wird wiederum über eine Diode nur der positive Anteil des Signals weitergeleitet und nachverstärkt.

Fensterverstärker sind häufig mit linearen Toren am Eingang versehen, um die Verarbeitung in Abhängigkeit von Koinzidenz- oder
Antikoinzidenz-Bedingungen durchführen zu können (Gated Biased
Amplifier). Als Tor dient dann häufig die Schwellen-Stromquelle,
die durch ein logisches Signal entweder auf maximalen (negativen)
oder den eingestellten Schwellwert umschaltet.

5.7. Verzögerungs-Verstärker

Neben der Möglichkeit der Verzögerung von Analogsignalen durch
Lineare Tore/Impulsdehner gibt es die Möglichkeit der Verwendung
von sogenannten Verzögerungs-Verstärkern (engl. Delay Amplifier).
Diese Geräte arbeiten mit den bereits in 4.4. beschriebenen Laufzeitketten aus L-C-Tiefpassgliedern (Abb.5.13).

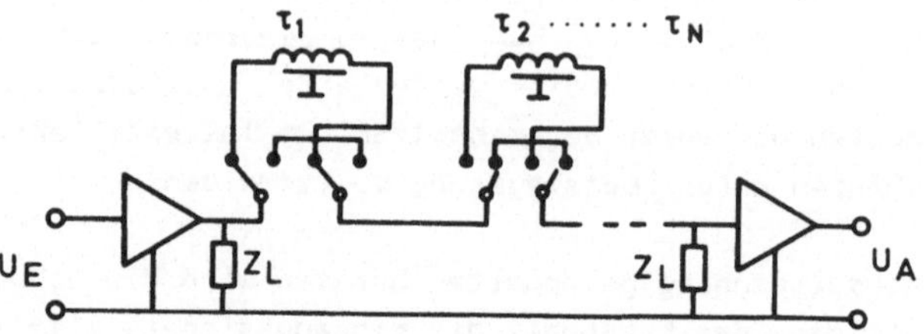

Abb.5.13.: Verzögerungs-Verstärker

Wegen der hohen Wellenwiderstände dieser Laufzeitketten von
einigen 100 Ohm müssen diese über Verstärker von der äusseren
Verkabelung getrennt und am Ein- und Ausgang mit ihrem charakteristischen Wellenwiderstand abgeschlossen werden, um Impulsre-
flexionen zu vermeiden. Die Verzögerungszeit (bis ca. 5µs) ist
nur in Stufen einstellbar. Der Nachteil dieser Verzögerungsverstärker ist die Tatsache, dass die als Tiefpässe wirkenden Laufzeitglieder eine von der Verzögerungszeit abhängige und i.A. sehr
niedrige Bandbreite besitzen. Analoge Rechtecksignale und Signale
mit Knickstellen (z.B. aus Fensterverstärkern) können hierdurch
in der Form stark verzerrt und als Folge davon auch in der Amplitude beeinflusst werden. Als einziger Vorteil ist zu werten, dass
die Verzögerungszeit einer solchen Laufzeitkette praktisch nicht
durch äussere Einflüsse verändert wird.

5.8. Summier-Verstärker

Summierverstärker (häufig auch als sog. Sum-Invert Amplifier mit
Invertierungsmöglichkeit) dienen dazu, die Amplituden mehrer Impulse arithmetisch zu addieren. Dies ist z.B. erforderlich, wenn
in mehreren Detektoren jeweils nur Teile der Energie von Teilchen
aufgenommen werden (Detektor-Teleskop) und die Gesamtenergie gemessen werden soll, oder wenn aus der Summe von mehreren Impulsen
durch nachfolgende Diskriminatoren logische Aussagen erzeugt wer-

den sollen (Schwelle für Gesamt-Energie). In modernen Geräten
werden hierfür schnelle Operationsverstärker eingesetzt, die
mehrere Eingänge und über eine Gegenkopplung eine Gesamtverstärkung von 1 besitzen.

In Summierverstärkern für Analogsignale in der Hochenergie-Physik
(engl. Mixer) ist dies wegen der erforderlichen hohen Bandbreite
nicht möglich. Hier werden die Ströme von mehreren (hochohmigen)
Verstärkern in einem 50-Ohm-Widerstand addiert und dann weiterverstärkt. Falls die Ausgänge von schnellen linearen Verstärkern
hochohmige (Konstantstrom-) Ausgangsverstärker besitzen, lässt
sich diese Art der Summierung auch durch einfaches Parallel-
schalten von Ausgängen erreichen.

5.9. Spektrum-Stabilisator

Bei der Aufnahme von Energiespektren mit sehr hoher Auflösung
über lange Zeiten treten häufig Probleme mit der Stabilität von
Verstärkern auf. Im Spektrum macht sich das durch (meist unsym-
metrische) Verbreiterung von Linien bemerkbar, oder bei sprung-
hafter Verstärkungsänderung durch Mehrfach-Linien. Ähnliche
Effekte treten auch durch nichtkompensierte Null-Linien-Verschie-
bungen bei sehr grossen Zählraten-Unterschieden auf.

Wenn alle konventionellen Möglichkeiten zur Vermeidung dieser
Effekte wie Verwendung temperaturunabhängiger Bauelemente, Kon-
stanthaltung der Umgebungstemperatur und Null-Linien-Klemmung,
ausgeschöpft sind, lässt sich eine langsame Drift der Verstärkung durch einen sogenannten Spektrum-Stabilisator kompensieren.

Der Spektrum-Stabilisator erkennt eine bestimmte Impulsamplitude
(genauer: eine Linie endlicher Breite im Impulshöhen-Spektrum)
als Referenz-Amplitude und variiert die Verstärkung eines im
Signalzweig liegenden Verstärkers bei Abweichung so, dass diese
Änderung wieder rückgängig gemacht wird und die Amplitude konstant bleibt (negative Rückkopplung). In älteren Anlagen mit
Fotovervielfachern wird häufig dazu die Anodenspannung der SEV-

Röhre und damit deren Verstärkung variiert. Als Referenz kann
sowohl eine Linie aus dem aufzunehmenden Energiespektrum verwendet werden, wie auch die Linie eines zu Stabilisierungs-
zwecken hinzugefügten radioaktiven Präparats, Lichtimpulse
einer externen Lichtquelle (LED, Halbleiter-Laser, insbes. bei
Fotovervielfachern) oder die Impulse eines extrem stabilen
Impulsgenerators.

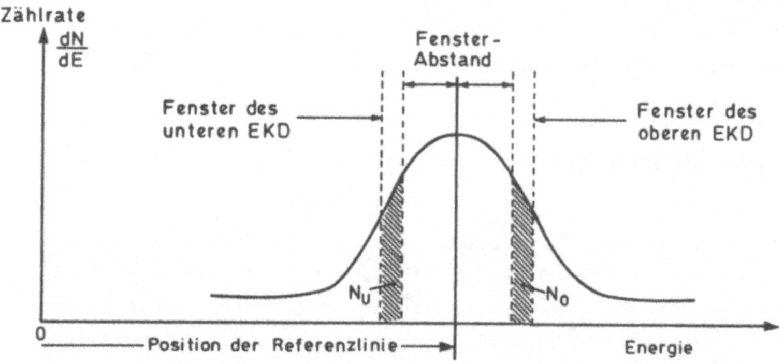

Abb.5.14.: Prinzip des Spektrum-Stabilisators

Zur Erzeugung des Fehlersignals bei Verstärkungsänderungen werden
zwei Einkanal-Diskriminatoren verwendet, deren Fenster symmetrisch
auf die beiden Flanken der Referenzlinie im Impulshöhenspektrum
gesetzt werden (Abb.5.14.). Die Differenz der Zählraten in diesen
beiden Kanälen ist bei entsprechender Wahl von Breite und Abstand
der Fenster proportional zur Verstärkungsabweichung. Sie kann
analog gebildet werden durch Integration (bzw. Mittelwert-Bildung)
der Impulse der beiden Einkanal-Diskriminatoren und anschliessende
Subtraktion, oder durch Digitalschaltungen, die den Vorteil der
fehlenden Eigendrift besitzen. Die Zählraten-Differenz wird
digital aus den Ständen von zwei Zählern gewonnen, die zyklisch
ausgelesen werden, oder aus dem Inhalt eines Vorwärts-Rückwärts-

Zählers, der (meist über einen Vorteiler) von einem Einkanal-
Diskriminator in Vorwärts-, vom anderen in Rückwärtsrichtung angesteuert wird. Das Ergebnis wird anschliessend mit einem Digital-
Analog-Wandler (DAC) in eine analoge Stellgrösse zurückverwandelt
und zur Verstärkungsregelung benutzt.

6. Zeitsignal-Erzeugung und Verarbeitung

Neben der Aufnahme und Analyse von Impulshöhen ist die Messung
von Zeiten, zeitlichen Beziehungen und die Auswahl von Impulshöhen nach zeitlichen Beziehungen eine der Hauptaufgaben in der
kernphysikalischen Messtechnik. Die hierfür benötigten Signale
werden in der Mehrzahl der Fälle aus den gleichen Detektor-Sig-
nalen gewonnen wie die Signale zur Impulshöhenanalyse. Da jedoch
die Forderungen nach hoher Amplituden-Auflösung und guter Zeitge-
nauigkeit vielfach nicht in einem Gerät zu vereinbaren sind, findet
die Zeitsignal-Erzeugung und Verarbeitung meistens in getrennten
Zweigen statt.

6.1. Zeitsignal-Verstärker

Die Zeitinformation eines Detektor-Impulses befindet sich i.A.
in der Anstiegsflanke, wodurch das zeitliche Eintreffen eines
Teilchens oder Quants signalisiert wird. Die hierfür verantwort-
lichen Sammelzeiten in Halbleiter-Detektoren und die Ansprech-
zeiten von schnellen Szintillatoren liegen (siehe 2.) im Bereich
einiger ns bis zu einigen 10 ns. Um diese Information ohne Verlust verstärken zu können, sind Verstärker mit Bandbreiten von
100 MHz (in der Hochenergie-Physik bis zu 300 MHZ) und entspechen-
de Eigenanstiegszeiten von 3 - 1 ns nötig. Für viele Anwendungen,
insbesondere in Verbindung mit Photovervielfachern, die keine
grosse Nachverstärkung benötigen, werden Breitband-Verstärker
ohne weitere Einstellmöglichkeiten verwendet, die bei fester
Verstärkung zu mehreren hintereinandergeschaltet werden können.

Für die Verarbeitung von Signalen aus Halbleiter-Detektor-Vorver-
stärkern, insbesondere bei der Gamma-Spektroskopie, ist jedoch
eine hohe Gesamtverstärkung notwendig. Um ein Optimum zwischen
Bandbreite und Signal-Rausch-Verhältnis erreichen zu können, werden diese Verstärker als sogenannte Filterverstärker mit einstellbaren Hoch- und Tiefpässen (Differenzier- und Integrierstufen)
ausgerüstet (engl. Timing Filter Amplifier). Diese Stufen sind
prinzipiell in gleicher Weise aufgebaut wie bei den in 4. be-

sprochenen Hauptverstärkern für langsame Analogsignale, jedoch
liegen die einstellbaren Zeitkonstanten in einem Bereich von
etwa 5-500 ns, d.h. bei wesentlich kürzeren Zeiten. Wegen der
Schwierigkeiten mit unerwünschten Phasendrehungen in den Gegen-
kopplungszweigen von aktiven Filtern bei hohen Frequenzen sind
die Differenzier- und Integrierglieder bei Zeitsignal-Filterverstärkern durchweg als passive Netzwerke ausgelegt.

Neben einfachen R-C-gekoppelten Verstärkern finden sich solche
mit Pole-Zero-Kompensation am Eingang (siehe 4.5.) und auch durch-
gängig gleichstromgekoppelte Verstärker (bei ausgeschalteter
Differentiation). Der lineare Ausgangsspannungsbereich ist kleiner
als bei Hauptverstärkern nach 4. (z.B. +/-2V oder +/-5V), die
Linearitäts- und Stabilitätsanforderungen sind deutlich kleiner
als bei Spektroskopie-Verstärkern.

6.2. Diskriminatoren

In Messaufbauten zur Erzeugung von Zeitsignalen werden Amplituden-
Diskriminatoren in der in 5.1. beschriebenen Form zur Umwandlung
von Analogsignalen in logische Signale benutzt. Im Gegensatz zu
5.1. ist hier aber nicht mehr die Amplitudengenauigkeit und Stabilität der Schwelle das Hauptkriterium, sondern die zeitliche
Genauigkeit des Ausgangssignals in Bezug auf das auslösende Ereignis, insbesondere deren Unabhängigkeit von der Amplitude und
Anstiegszeit des Analogsignals.

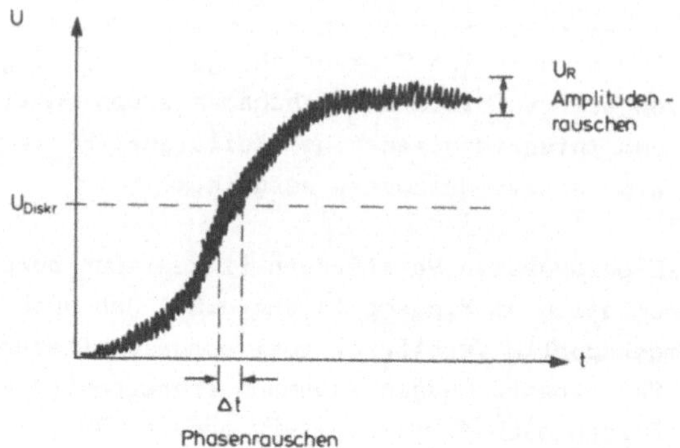

Abb.6.1.: Phasenrauschen (Jitter) eines
Zeitsignal-Diskriminators

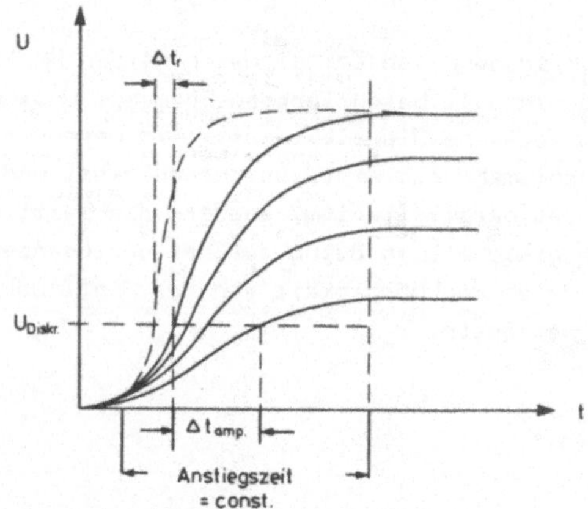

Abb.6.2.: Amplituden- und Anstiegszeit-Abhängigkeit
(Walk) eines Zeitsignal-Diskriminators

Daher sind zur Beurteilung von Zeitsignal-Diskriminatoren andere
Kriterien heranzuziehen:

Eine der wesentlichen Kenngrössen ist das Phasenrauschen (engl.
Jitter) (Abb.6.1.). Es besteht aus einer statistischen Verteilung
der Ausgangssignal-Zeitpunkte um den wahren Zeitpunkt herum.
Dieses "Rauschen im Zeitbereich" kommt zustande, wenn das Eingangssignal eine nicht zu vernachlässigende Anstiegzeit besitzt und
mit Amplitudenrauschen behaftet ist. Der gleiche Effekt stellt
sich ein, wenn die Komparatorschwelle selbst mit einer Rauschspannung überlagert ist. Bei Zeitmessungen ist man immer bestrebt,
den eigentlichen Zeitpunkt eines Ereignisses zu bestimmen, d.h.
bei Impulsen mit endlicher Anstiegszeit deren Anfang. Da die
Schwelle natürlich oberhalb OV liegen muss, wegen des später erwähnten Amplitudenganges aber möglichst niedrig liegen soll,
arbeitet man bei normalen Diskriminatoren immer im Bereich sehr
kleiner Spannungen, die mit Rauschen behaftet sind.

Der zweite Effekt, der die Genauigkeit eines Diskriminator-Zeit-
signals beeinflusst, ist die Abhängigkeit von der Eingangsampli-
tude und Anstiegszeit (engl."Walk")(Abb.6.2.). Bei der Ansteuerung
von Amplituden-Diskriminatoren mit nur einer Schwelle und endlicher
Eingangs-Anstiegszeit tritt das Umschalten des Komparators unvermeidlich um so später ein, je höher die Schwelle eingestellt ist.
Da dieser Effekt sehr unerwünscht ist, sind eine Reihe von Kom-
pensationsschaltungen entwickelt worden, um ein anstiegszeitun-
abhängiges Zeitsignal zu erzeugen (6.2.2. - 6.2.4.).

Weiterhin ist bei schnellen Zeitsignal-Diskriminatoren die Doppel-
impuls-Auflösung und die Abhängigkeit der Schwelle von der Zählrate oder dem Impulsabstand von Interesse. Die Doppelimpuls-Auf-
lösung, d.h. die minimale Zeit zwischen zwei erkannten Impulsen,
wird durch die Totzeit des Diskriminators bestimmt, die amplitudenabhängig sein und insbes. bei starker Übersteuerung stark an-
wachsen kann. Die Zählraten- und Abstandsabhängigkeit der Schwelle
kann dadurch zustande kommen, dass die Eingangskapazitäten eines
Komparators nach einem Impuls noch nicht vollständig entladen
sind und die Restspannung für den folgenden Impuls zur Amplitude
beiträgt (Memory-Effekt).

6.2.1. Schneller Diskriminator mit einer Schwelle

(Leading Edge Discriminator)

Schnelle Diskriminatoren mit nur einer Schwelle werden im englischsprachigen Bereich "Leading Edge Discriminator" genannt. Sie
triggern auf ein bestimmtes Niveau der Anstiegsflanke und sind
daher prinzipiell mit dem Nachteil der starken Amplituden- und
Anstiegszeitabhängigkeit behaftet. Zufriedenstellende oder gute
Ergebnisse können erzielt werden, wenn das Eingangssignal konstante Amplitude und Impulsform bei sehr kurzer Anstiegszeit hat
und möglichst schon grosse Amplitude besitzt. Diese Bedingungen
sind erfüllt bei schnellen Fotovervielfachern mit Plastik-Szin-
tillatoren, die für reine Zeitsignal-Erzeugung in Sättigung betrieben werden (insbes. in der Hochenergie-Physik).

Der Komparator-Ausgang triggert i.A. einen Monovibrator, der einen
Ausgangsimpuls mit konstanter Breite liefert. Ein zweiter Eingangsimpuls während dieser Totzeit bewirkt bei normalen Diskriminatoren kein zweites Ausgangssignal. Bei bestimmten Geräten
(engl Updating Discriminator) wird jedoch ein retriggerbarer Monovibrator verwendet, dessen Ausgangsimpuls bei jeder Nachtriggerung
innerhalb der Impulsbreite um eine Impulsbreite verlängert wird.

Schnelle Zeitsignal-Diskriminatoren wie diese und die im folgenden beschriebenen liefern am Ausgang schnelle logische NIM-Signale nach 4.8.3. für die eigentliche Zeitmessung und für logische
Verknüpfungen. Teilweise enthalten sie noch zusätzlich für langsame logische Anwendungen Ausgänge für positive logische NIM-
Signale nach 4.8.2.

6.2.2. Nulldurchgangs-Trigger

(Zero Crossing Detector, Crossover Pickoff)

Wie in 4.2. gezeigt wurde, hat das Ausgangssignal eines Hauptverstärkers mit doppelter Differentiation einen Nulldurchgang bei
$t=2 \cdot R \cdot C$, der unabhängig von der Amplitude ist. Bei konstanter
Anstiegszeit, wie sie für viele Szintillatoren (z.B. NaJ) typisch
ist, lässt sich daher aus einem doppelt-differenzierten Signal
mit einem auf den Nulldurchgang empfindlichen Trigger ein Zeitsignal ohne Amplitudengang (Walk) gewinnen. Ebenso ist der Nulldurchgang aus einem Verstärker mit zwei Laufzeitketten (Double
Delay Line Amplifier) unabhängig von der Amplitude.

Diskriminatoren, die den z.B. vom Positiven ins Negative gehenden
Nulldurchgang eines solchen Signals auswerten, werden Nulldurchgangs-Trigger (engl. Zero Crossing Detector) genannt (Abb.6.3.).
Der Eingang eines Nulldurchgangs-Triggers besteht aus einem Verstärker mit sehr hoher Verstärkung und symmetrischer Begrenzung
(wie z.B. ein Komparator mit der Schwelle 0V). Am Ausgang eines
solchen Begrenzer-Verstärkers erscheint das Signal rechteckförmig
mit sehr steilen Flanken. Durch Differenzieren dieses Signals erzeugt man zur Zeit der abfallenden Flanke bzw. des Nulldurchgangs
einen kurzen negativen Impuls, dessen Vorderflanke einen Monovibrator anstösst.

Ausser in separaten Geräten findet sich diese Nulldurchgangs-
Triggerschaltung auch häufig in zeitbestimmenden Einkanal-Diskriminatoren (TSCA) und auch in aufwendigeren Diskriminator-
Schaltungen, in denen der Nulldurchgang eines Signals ausgewertet
werden soll (z.B. Constant Fraction Discriminator).

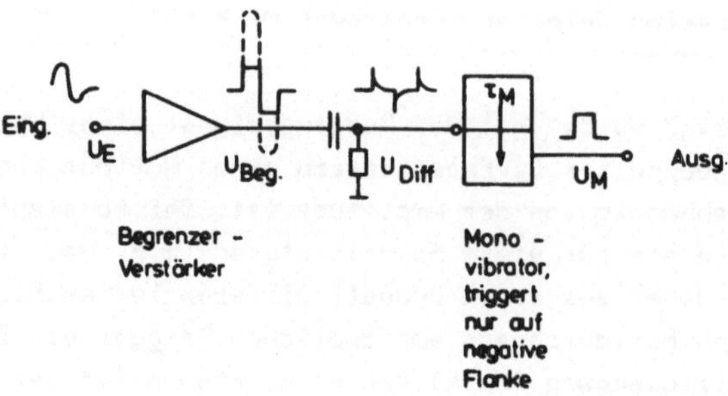

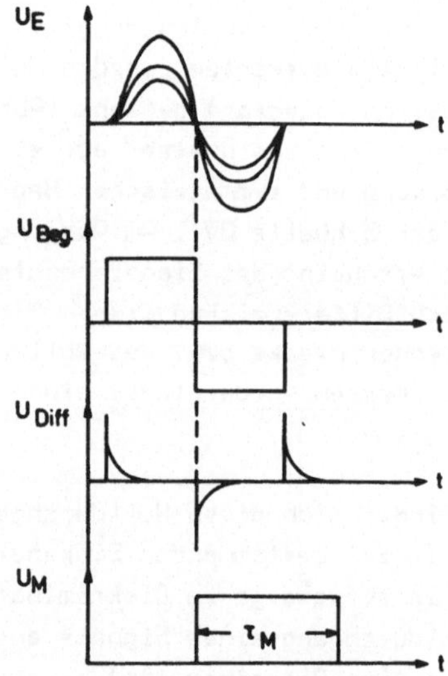

Abb.6.3.: Nulldurchgangs-Trigger

6.2.3. Zweischwellen-Diskriminator (Gated Discriminator)

Die Amplituden- und Anstiegszeitabhängigkeit eines normalen Ein-
schwellen-Diskriminators nach 6.2.1. lässt sich dadurch verkleinern, dass die Schwelle sehr tief gesetzt wird. Hierbei steigt
jedoch die Gefahr der Fehltriggerung durch Rauschimpulse an.
Eine Verbesserung kann dadurch erreicht werden, dass das Signal
aus dem Diskriminator mit der niedrigen Schwelle nur dann verwertet wird, wenn zusätzlich auch danach eine höhere Schwelle
ausserhalb des Rauschens überschritten wird (Abb.6.4.).

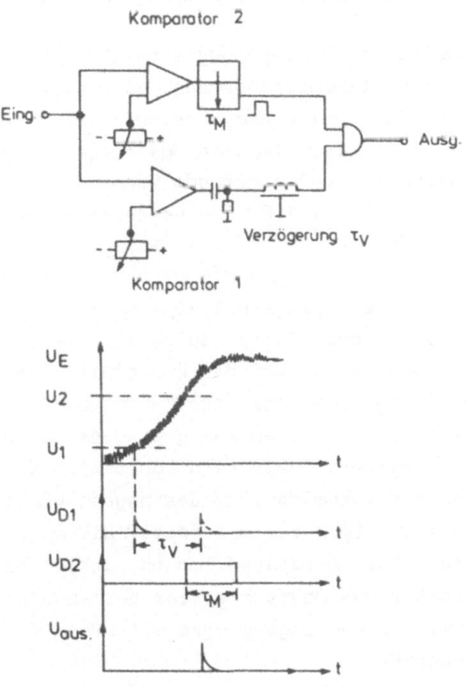

Abb.6.4.: Zwei-Schwellen-Diskriminator

Je nach zu erwartender Anstiegszeit muss der Impuls des unteren

Diskriminators dazu um ein bestimmtes Zeitintervall verzögert
werden (Koax-Kabel), um mit dem Signal der höheren Schwelle
UND-verknüpft werden zu können.

Die Zeitdifferenz zwischen dem Überschreiten der unteren und der
oberen Schwelle kann auch in einem Zeit-Amplituden-Konverter
(siehe 6.7.) gemessen werden und dazu dienen, auf den Zeitpunkt
t=0 zu extrapolieren (Extrapolated Leading Edge Trigger, ELET,
Extrapolated Zero Strobe).

6.2.4. "Constant-Fraction" - Diskriminator (CF-Diskriminator)

Die amplitudenabhängige Zeitverzögerung eines Einschwellen-Dis-
kriminators (Walk) kann eliminiert werden, wenn nicht bei konstanter Amplitude, sondern bei einem konstanten Bruchteil der
Maximalamplitude des jeweiligen Impulses getriggert wird. Mit
dieser sog. "Constant Fraction" - Methode kann in einem grossen
dynamischen Bereich (1:100 bis 1:200) eine Zeitauflösung von
50-100 ps erreicht werden.

Für die Realisierung dieses Triggerprinzips wird das schnelle
analoge Eingangssignal in zwei Zweige aufgeteilt (Abb.6.5.).
Im ersten Zweig wird das Signal auf den Bruchteil abgeschwächt,
der dem gewünschten Triggerbruchteil der Maximalamplitude entspricht, und invertiert. Im zweiten Zweig wird das nicht-abge-
schwächte Signal so verzögert, dass sein konstanter Bruchteil
auf der Anstiegsflanke mit dem Maximum des abgeschwächten und
invertierten Impulses zeitlich zusammenfällt. Die Addition dieser
beiden Signale ergibt einen bipolaren Impuls, dessen Nulldurchgang genau zum Zeitpunkt des Überschreitens des konstanten Bruchteils auftritt. Dieser Nulldurchgang wird mit einem Nulldurchgangs-Trigger ausgewertet.

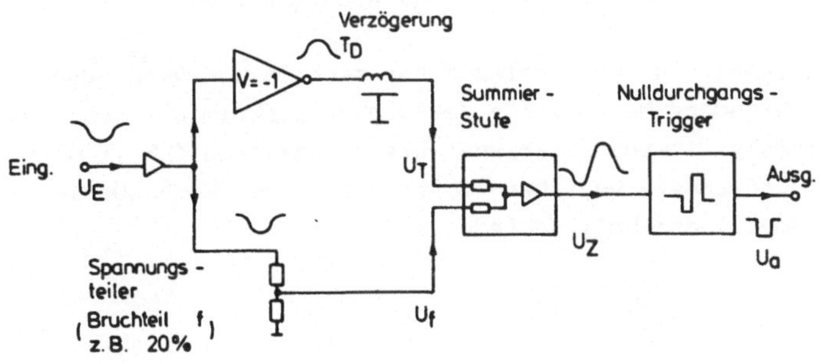

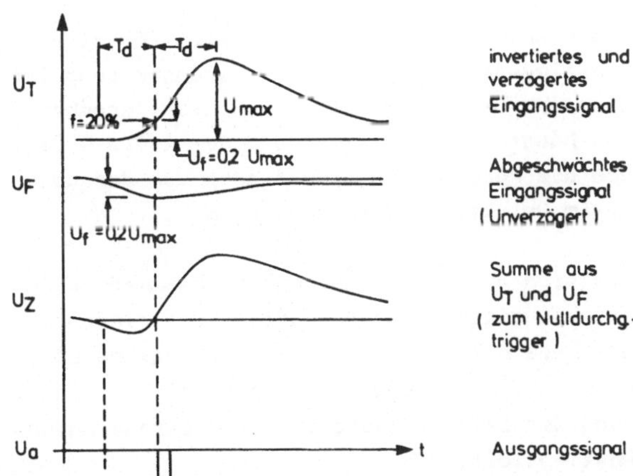

Abb.6.5.: "Constant Fraction"-Diskriminator

Zur einwandfreien Funktion dieses Prinzips muss neben der Grösse
des konstanten Bruchteils (Constant Fraction) die Verzögerung
des nicht-abgeschwächten Signals über Verzögerungsleitungen entsprechender Länge eingestellt werden, die von der Integrations-
Zeitkonstanten des vorgeschalteten Zeitsignal-Verstärkers bzw.
des Detektors (Fotovervielfacher) abhängt. Bei entsprechender

Wahl des konstanten Bruchteils kann neben der Kompensation des
Amplitudenganges auch eine Optimierung des Einflusses streuender
Anstiegszeiten erreicht werden (siehe auch 6.2.5.).

Das Constant-Fraction(CF-)-Prinzip hat sich in den vergangenen
Jahren zur Standard-Methode für Zeitsignal-Diskriminatoren und
auch bei zeitbestimmenden Einkanal-Diskriminatoren (CF-TSCA)
entwickelt und andere Verfahren insbesondere bei Vorhandensein
grösserer Amplituden-Unterschiede verdrängt.

6.2.5. Amplituden- und Anstiegszeit-kompensierte Diskriminatoren

(Amplitude and Risetime compensated Timing, ARC-Timing)

Die Anwendung des Constant Fraction-Prinzips setzt für alle
Impulse konstante Anstiegszeit voraus. Diese Voraussetzung ist
leider bei grossvolumigen Germanium-Detektoren nicht gegeben.
In diesen Detektoren hängt die Sammelzeit und damit die Grösse
der Anstiegszeit und die Form der Anstiegsflanke von der Lage
der Ionisationsspur im Detektorvolumen ab (Abb.6.6.).

Die Sammelzeit setzt sich aus zwei Komponenten zusammen, einem
schnellen, kaum ortsabhängigen Elektronenanteil und einer langsamen, stark von der Lage der Ionisationsspur abhängigen Löcher-
Komponente. Eine reine CF-Triggerung ergibt bei solchen Signalen
eine Verschlechterung der Zeitauflösung in der Grössenordnung
der Streuung der Anstiegszeit.

Eine Verbesserung ist dadurch zu erreichen, dass nur Signale in
einem bestimmten Anstiegszeit-Bereich oder zumindest unterhalb
einer bestimmten Maximal-Anstiegszeit verwertet werden.
Dazu wird eine zusätzliche Diskriminator-Schwelle so eingestellt,
dass alle interessierenden Impulse diese Schwelle vor einem bestimmten Zeitpunkt überschreiten. Im CF-Diskriminator werden dann
nur noch die so ausgewählten Ereignisse zu einem Ausgangssignal
weiterverarbeitet, alle später eintreffenden mit grösserer Anstiegszeit werden zurückgewiesen. Wegen der zwei Komponenten

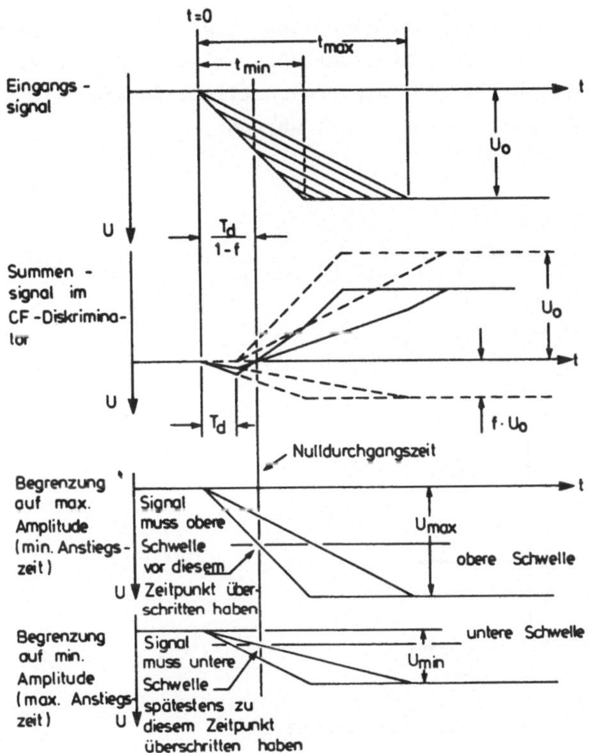

Abb.6.6.: Amplituden- und Anstiegszeit-kompensierte Triggerung (ARC-Timing)

in der Anstiegsflanke haben die übrigbleibenden Impulse nur noch Streuungen der Anstiegsflanke oberhalb einer bestimmten Amplitude. Wenn der konstante Bruchteil des CF-Diskriminators unterhalb dieser Schwelle liegt und die CF-Verzögerungszeit kürzer als die gewählte Zurückweisungszeit eingestellt wird, so kann der Nulldurchgang des CF-Diskriminators durch die restlichen streuenden Anstiegszeiten nicht mehr beeinflusst werden.

6.3. Koinzidenz-Stufen

Koinzidenz-Stufen dienen in der Nuklear-Elektronik zur Durchfüh-
rung der logischen UND- (AND-) Verknüpfung mehrerer logischer
Eingangssignale. Damit kann die gleichzeitige Anwesenheit mehrerer
Ereignisse (Abb.6.7.) signalisiert werden.

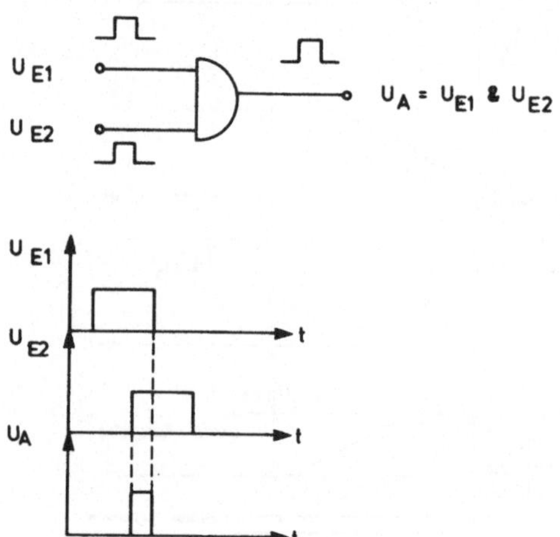

Abb.6.7.: UND-Gatter als Koinzidenz-Stufe

Gleichzeitig heisst in diesem Zusammenhang, dass zwei oder mehr
Ereignisse bzw. Impulse innerhalb eines Zeitfensters auftreten.
Bei einem UND-Gatter in einer Digitalschaltung wird dieses Zeitfenster durch die Breite der Eingangsimpulse und die Flankensteilheit der logischen Signale bzw. die Schaltzeiten der Gatter bestimmt. Steuert man ein UND-Gatter mit zwei Impulsen der Breite
τ an, und verzögert einen Impuls gegenüber dem anderen, so verläuft die Wahrscheinlichkeit für eine logische "1" am Ausgang
(bzw. die Zählrate am Ausgang) in Abhängigkeit von der Verzögerungszeit nach der Kurve a) in Abb.6.8. Diese ideale Zeitauf-
lösungskurkurve besteht aus einer Rechteckfunktion der Breite 2τ.
Diese Breite 2τ, gemessen bei 50% der Maximalhöhe, heisst Zeit-

auflösung der Koinzidenzstufe. Für reale Geräte verlaufen die
Flanken der Auflösungsfunktion nicht mehr senkrecht, sondern
verschmiert (Abb.6.8.b).

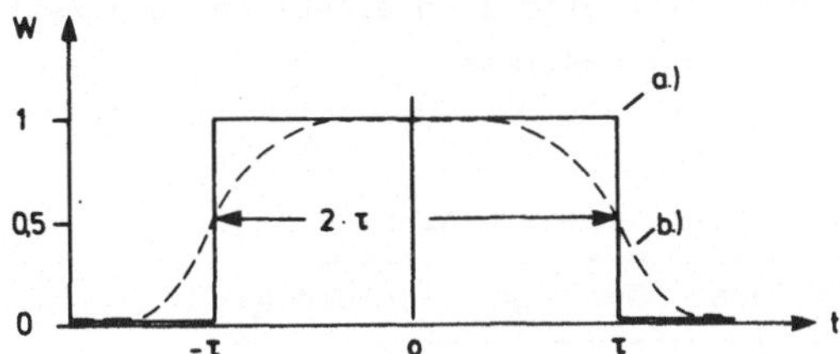

Abb.6.8.: Zeitauflösungsfunktion einer Koinzidenzstufe
          a) ideal, b) real

Die Breite dieser beiden Anstiegsflanken ist die untere sinnvolle
Grenze für die Zeitauflösung einer Koinzidenzstufe. Häufig spielt
die Zeitauflösung eine ganz entscheidende Rolle beim Aufbau von
Experimentieranordnungen und den maximal zulässigen Einzel-Zählraten /15/. Wenn z.B. zwei aufeinanderfolgende Übergänge in einem
Kern in Koinzidenz vermessen werden sollen (Gamma-Gamma-Koinzi-
denz), oder wenn eine Beta-Strahlung mit nachfolgendem Gamma-Über-
gang beobachtet wird, so sind bei der Aktivität A des Präparats
und den Einzel-Nachweis-Wahrscheinlichkeiten p_1 und p_2 der Detektoren 1 und 2 die Einzel-Zählraten

$$n_1' = p_1 \cdot A \qquad ; \qquad n_2' = p_2 \cdot A$$

und die Koinzidenz-Zählrate

$$n_K' = p_1 \cdot p_2 \cdot A \qquad .$$

Die Zufalls-Koinzidenzrate im Experiment ist

$$n_Z' = 2 \cdot \tau \cdot n_1' \cdot n_2'$$

$$= 2 \cdot \tau \cdot p_1 \cdot p_2 \cdot A^2$$

Da die Koinzidenz-Zählrate grösser als die Zufalls-Koinzidenz-

Zählrate sein soll ($n_K' > n_Z'$), so folgt daraus die Forderung

$$2 \cdot \tau \cdot A < 1$$

Die maximal mögliche Aktivität wird also direkt von der Zeitauflösung der Koinzidenzstufe bestimmt.

6.3.1. Gleichstrom-gekoppelte Koinzidenz-Stufen

(Überlapp-Koinzidenz, Overlap Coincidence)

Die schaltungstechnisch einfachsten Koinzidenz-Stufen sind mit
gleichstromgekoppelten UND-Gattern aufgebaut. Da ein Ausgangssignal nur während der Überlappungszeit der Eingangsimpulse auftritt,
werden sie auch als Überlapp(engl. Overlap)-Koinzidenzen bezeichnet.

Diese Geräte werden sowohl für langsame Anwendungen mit positiven
logischen NIM-Signalen wie auch für schnelle, zeitbestimmende
Anwendung mit negativen logischen NIM-Signalen gebaut. Häufig
können einzelne oder alle Eingänge von Koinzidenz auf Antikoinzidenz umgeschaltet werden. Für Anwendungen in der Hochenergie-
Physik werden solche Geräte auch als "Logische Einheiten" (engl.
Logic Units) bezeichnet. Sie besitzen dann umschaltbare UND/ODER-
Verknüpfung und invertierende und nichtinvertierende Ausgänge,
so dass beliebige logische Verknüpfungen von Eingangssignalen
durch entsprechende Verkabelung und Beschaltung zu erzielen sind.
Die Flankensteilheit der Auflösungskurve liegt bei schnellen Geräten durchweg unter 2ns, die Zeitauflösung wird durch die Breite
der Eingangsimpulse bestimmt.

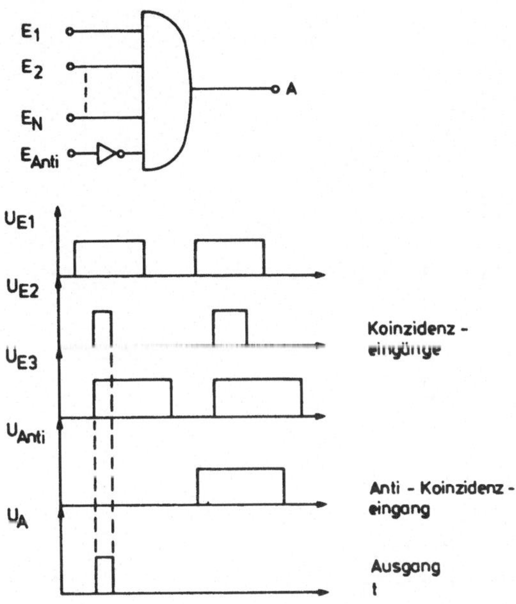

Abb.6.9.: Gleichstromgekoppelte Koinzidenz-Stufe
(Überlapp-Koinzidenz)

6.3.2. Getriggerte Koinzidenz-Stufen

In vielen Fällen enthält nur die Vorderflanke eines Impulses die
wichtige Zeitinformation. Um diese Flanken innerhalb eines Zeitfensters zur Koinzidenz bringen zu können, steuert bei getriggerten Koinzidenzstufen jeder Eingang einen Monovibrator an, die
Ausgangssignale dieser Monovibratoren werden UND-verknüpft
(Abb.6.10.). Über die Breite der Monovibrator-Impulse kann die
Zeitauflösung der Koinzidenzstufe in einem grossen Bereich eingestellt werden.

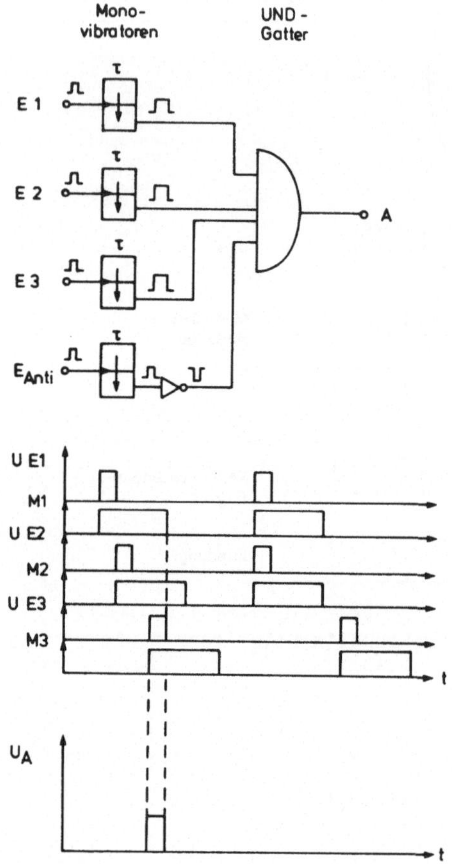

Abb.6.10.: Getriggerte Koinzidenz-Stufe

Diese Art der Koinzidenzstufen werden für langsame (positive)
logische NIM-Signale als sogenannte Universal-Koinzidenzen hergestellt. Die Zeitauflösung ist typisch von 100ns bis zu einigen
µs einstellbar. Schnelle Koinzidenzstufen (Fast Coincidence) nach
diesem Prinzip besitzen typisch einstellbare Zeitauflösungen von
einigen ns bis zu einigen 100ns für negative logische NIM-Signale.

Bei einigen auf dem Markt befindlichen Geräten können die Eingänge wahlweise mit schnellen oder langsamen Zeitsignalen angesteuert werden. Die teilweise benutzte englische Bezeichnung "Fast Slow Coincidence" ist nicht identisch mit der in 6.6. beschriebenen Schnell-Langsam-(Fast-Slow)-Koinzidenzanlage, die aus einer schnellen Koinzidenz zur Zeitbestimmung und einer langsamen Koinzidenz mit breiter Zeitauflösung zur Auswahl von Energie-Signalen (Lineare Gates) besteht.

6.3.3. Komplexe Logikschaltungen

In Hochenergie-Physik-Experimenten mit einer grossen Anzahl von Detektoren ergibt sich häufig die Notwendigkeit für komplexere logische Verknüpfung von Zeitsignalen. Die hierfür verwendeten "Logischen Einheiten" (Logic Units) erlauben durch Umschalten und Umstecken von Eingängen Operationen wie Inversion, UND, ODER, Exclusiv-ODER, wie sie aus der Digitaltechnik /17/ bekannt sind. Zu diesen komplexen Logik-Bausteinen gehören auch solche zur Durchführung von Majoritäts-Logik-Operationen. Diese sollen z.B. ein Ausgangssignal liefern, wenn von M möglichen Eingangssignalen mindestens N (N<M) innerhalb der Zeitauflösung aufgetreten sind. Um die Schaltung einfach und die Verarbeitungsgeschwindigkeit hoch zu halten, sind sie häufig in Analogtechnik aufgebaut (Abb.6.11.).

Die logischen Eingangsimpulse werden linear addiert (z.B. durch Summation der Ströme), und die Schwelle eines auf die Summierstufe folgenden schnellen Diskriminators wird auf einen Pegel gesetzt, der dem N-fachen einer Signalamplitude entspricht. Es sind aber auch solche Logik-Schaltungen in reiner Digitaltechnik (ECL-III) üblich, mit denen neben der Anzahl der Eingangsimpulse auch der mit der höchsten Wertigkeit (Nummerierung des Eingangs) bestimmt werden kann.

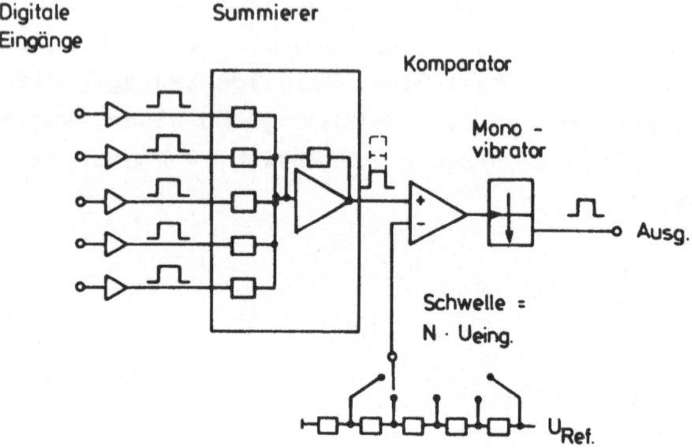

Abb.6.11. Majoritäts-Logik (Multiplizität)

6.4. Verzögerungsstufen

Zeitsignale und sonstige logische Signale müssen in Koinzidenz-
Anlagen häufig verzögert werden, um die Laufzeiten verschiedener
Signale in Detektoren, Verstärkern und sonstigen Geräten oder
Flugzeiten von Teilchen aneinander anpassen zu können.

6.4.1. Kabel-Verzögerung (ns-Verzögerung, Delay Box)

Für die Verzögerung von schnellen Zeitsignalen im Bereich bis
ca. 100ns werden Koaxialkabel entsprechender Länge benutzt, die
in mehreren Stücken über Steckverbindungen oder reflexionsarme
Schalter bzw. Relais hintereinandergeschaltet werden können.
Meist sind die einzelnen Kabelstücke in binärer Stufung zuschalt-
bar (z.B. 10ns, 20ns, 40ns, 80ns..), so dass eine grössere Anzahl
von Werten verfügbar ist. Diese Verzögerungsstufen sind (mit
Ausnahme eventuell vorhandener Relais) rein passiv aufgebaut.

Wegen der Konstanz der Verzögerungszeit, die nicht durch elektronische Schaltungen beeinflusst wird, sind Kabelverzögerungen in
sehr schnellen und zeitkritischen Anwendungen vorzuziehen und
können auch zur Zeitkalibrierung anderer Geräte dienen.

6.4.2. Verzögerungsstufen mit Monovibratoren

(Delay and Gate Generator)

Für die Einstellung grösserer Verzögerungszeiten oder die kontinuierliche Variation von Zeiten werden Verzögerungsstufen mit
Monovibratoren aufgebaut (Abb.6.12.).

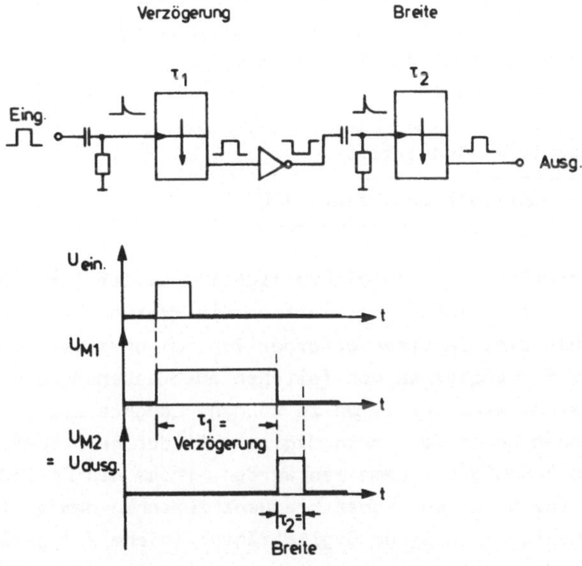

Abb.6.12.: Verzögerungsstufe mit Monovibratoren
(Delay and Gate Generator)

Diese englisch "Delay and Gate Generator" genanten Geräte bestehen aus zwei hintereinandergeschalteten Monovibratoren, von denen

der erste mit der Vorderflanke des Eingangsimpulses angestossen
wird. Die Impulsbreite dieses Monovibrators bestimmt die Verzögerungszeit. Mit der Rückflanke des Ausgangsimpulses wird ein
zweiter Monovibrator getriggert, der die Breite des Ausgangssignals bestimmt (z.B. zur Ansteuerung eines Linear Gates).
Solche Geräte sind sowohl für positive logische NIM-Signale
(meist in TTL-Technik) wie auch für schnelle negative (meist
in ECL-Technik) erhältlich.

Der minimale Eingangsimpuls-Abstand (Totzeit) und damit die
maximale Zählrate wird bei diesem Typ von Verzögerungsstufe
durch die Summe aus Verzögerungszeit und Ausgangsimpulsbreite
bestimmt. Um auch bei grossen Verzögerungszeiten nicht in Zähl-
raten-Konflikte zu kommen, existieren Geräte, bei denen die Verzögerung durch eine grössere Anzahl hintereinandergeschalteter
Monovibratoren realisiert wird. In diesen Geräten ist es möglich,
dass ein zweiter Impuls bereits den Eingang triggert, während
der erste das Gerät noch nicht verlassen hat.

6.5. Zeit-Amplituden-Konverter

(Time to Amplitude Converter, TAC)

Neben der Überprüfung der "Gleichzeitigkeit" zweier Signale mit
Hilfe von Koinzidenzstufen ist vielfach die Messung der Zeitdifferenz zwischen zwei Impulsen erforderlich, um physikalische
Grössen wie z.B. Flugzeiten von Teilchen oder Lebensdauern von
angeregten Kernniveaus bestimmen zu können. Längere Zeiten ab
ca. 500ns können heutzutage rein digital mit der geforderten
Auflösung und Genauigkeit gemessen werden, indem die Perioden
einer Wechselspannung sehr hoher Frequenz zwischen dem ersten
und zweiten Ereignis in einem Digitalzähler (siehe 7.) gezählt
werden. Wegen der maximalen Zählfrequenz von z.Zt. etwa 2GHz
und der beschränkten Flankensteilheit der logischen Gatter sinkt
bei der digitalen Messung von Zeiten unterhalb 500ns die Auflösung
(Anzahl der gezählten Perioden) und Genauigkeit (Schaltzeiten von
Gattern) kontinuierlich ab. Daher werden in kernphysikalischen
Anwendungen für die Messung solcher kurzen Zeiten Schaltungen

eingesetzt, die eine Zeitdifferenz in eine proportionale Spannung umsetzen, welche dann (langsam) in einem ADC mit der benötigten Auflösung analysiert werden kann. Solche Schaltungen heissen Zeit-Amplituden-Konverter oder Zeit-Impulshöhen-Konverter (engl. Time to Amplitude Converter, TAC oder Time to Pulse Height Converter, TPC).

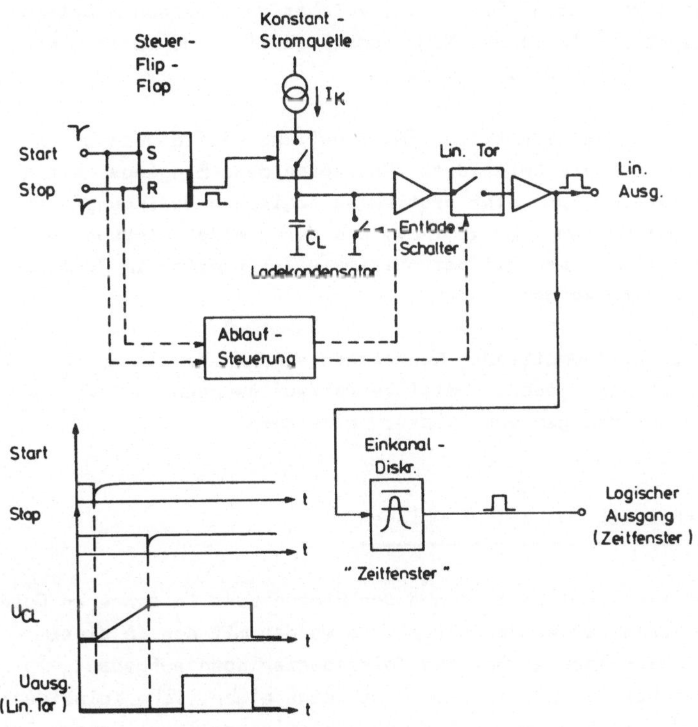

Abb.6.13.: Zeit-Amplituden-Konverter

Das Prinzip des TAC besteht darin (Abb.6.13.), einen Kondensator ab einer bestimmten Zeit (Start) durch eine Konstantstromquelle aufzuladen und diese Stromquelle zu einer späteren Zeit (Stop) wieder abzuschalten. Der Kondensator hat sich dann auf eine Spannung aufgeladen, die linear von der Zeitdifferenz $t_{Stop} - t_{Start}$ abhängt. Die Kondensatorspannung wird hochohmig über ein lineares Tor und einen Nachverstärker abgenommen und dem Analog-Ausgang zugeleitet. Nach einer festgelegten Zeit (z.B. 2µs) wird der Ladekondensator über einen Parallelschalter wieder entladen und steht für einen neuen Zeitmesszyklus zur Verfügung.

Das Ein- und Ausschalten der Konstantstromquelle geschieht über ein sehr schnelles RS-Flip-Flop, welches durch einen Start-Impuls (negativer logisches NIM-Signal) gesetzt und durch einen Stop-Impuls zurückgesetzt wird.

Ergänzt wird die eigentliche TAC-Schaltung häufig noch durch einen oder mehrere Koinzidenz-/Antikoinzidenz-Eingänge, mit denen die Zeitmessung nur unter bestimmten logischen Bedingungen gestartet werden kann (Gated TAC), und durch einen eingebauten Einkanal-Diskriminator, mit dem bestimmte Zeitfenster im Zeitspektrum gesetzt werden können.

Mit diesen Zeit-Amplituden-Konvertern sind in Bereichen von einigen 10ns bis ca. 1µs jeweils relative Zeitauflösungen von 10^{-4} und absolute Auflösungen von <10ps zu erreichen.

6.6. Aufbau von Koinzidenz-Anlagen

Wenn zeitliche Bezüge zwischen den Ereignissen in mehreren Detektoren ausgemessen werden sollen, so werden mit den in diesem Kapitel beschriebenen Geräten Koinzidenzanlagen aufgebaut. In einfachen Fällen ist dazu manchmal keine eigentliche Koinzidenzstufe erforderlich, da Geräte wie z.B. lineare Tore, Linear-Gate-Stretcher häufig schon einen logischen Koinzidenz-Eingang besitzen.

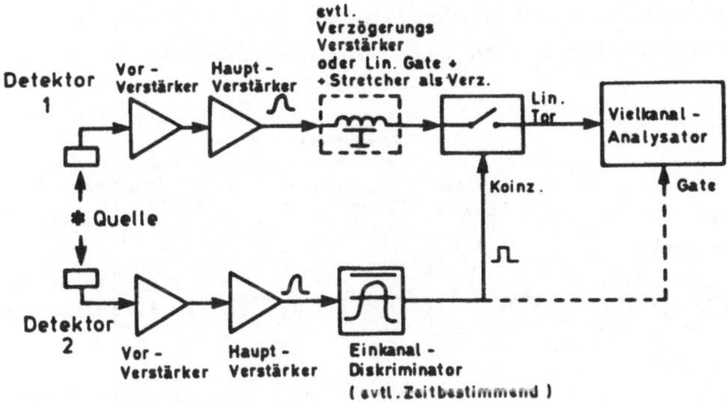

Abb.6.14.: Einfache Koinzidenz-Schaltung zur Einschränkung
eines Energie-Spektrums auf koinzidente Ereignisse

In der Anlage nach Abb.6.14. wird ein Energie-Spektrum aus einem
Detektor 1 nur dann analysiert, wenn gleichzeitig zu den Detektor-
1-Signalen in Detektor 2 eine Energie registriert wird, die innerhalb des Fensters eines Einkanal-Diskriminators liegt. Die Koin-
zidenz-Verknüpfung findet im linearen Tor statt. Die meisten
Vielkanal-Analysatoren besitzen selbst am ADC-Eingang ein lineares
Tor, so dass die Schaltung noch weiter vereinfacht werden kann.
Da der Einkanal-Diskriminator des Zweiges 2 sein Ausgangssignal
erst nach dem Amplituden-Maximum abgibt, muss das Energie-Signal
in Zweig 1 entsprechend verzögert werden, damit es vollständig
durch das lineare Tor übertragen werden kann. Dazu kann entweder
ein Verzögerungsverstärker (siehe 7.) dienen, oder es wird ein
Impulsdehner mit nachfolgendem linearen Tor (evtl. kombiniert als
Linear-Gate-Stretcher) verwendet. Viele Hauptverstärker besitzen
auch eine eingebaute Verzögerungsleitung (z.B. 2µs), so dass
neben dem unverzögerten auch ein verzögerter Ausgangsimpuls
entnommen werden kann. In diesem Fall kann eine weitere externe
Verzögerung häufig entfallen.

Muss die Koinzidenz-Bedingung aus mehr als einem logischen Signal gewonnen werden, so muss eine Koinzidenzstufe eingesetzt wer-

den. Ist das Haupt-Kriterium wiederum nur die (in einem Einkanal-
Diskriminator bestimmte) Amplitude des Energie-Signals, und sind
die Einzelzählraten genügend niedrig, so kann mit langsamen
(Universal-) Koinzidenzstufen gearbeitet werden (Abb.6.15.).

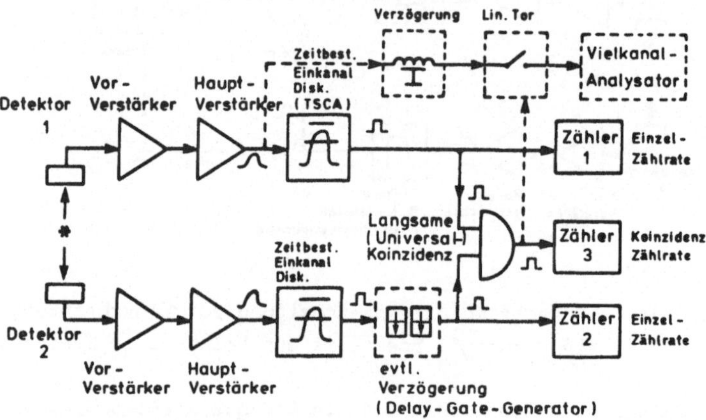

Abb.6.15.: Langsame Koinzidenz-Anlage

Die Zeitauflösung dieser Koinzidenzstufe wird so eingestellt,
dass alle Energie- bzw. EKD-Signale innerhalb eines Zeitfensters
von einigen µs koinzident sind. Mit dem Ausgang dieser Koinzidenzstufe können Zähler für Koinzidenz-Zählraten oder logische
Eingänge z.B. von linearen Toren angesteuert werden. Im allgemeinen werden in solchen langsamen Schaltungen positive logische
NIM-Signale verwendet.

Wenn in einem Zeitsignal-Zweig eine Verzögerung (z.B. Gate-Delay-
Generator) eingefügt wird, die grösser als die Zeitauflösung der
Koinzidenzstufe ist, so kann die Zählrate der zufälligen Koinzidenzen gemessen werden, welche im Experiment von der eigentlichen
Koinzidenz-Zählrate abzuziehen ist. Weiterhin kann diese Verzögerung dazu dienen, verzögerte Koinzidenzen zu messen, wie sie
bei Kernlebensdauer-Bestimmungen und bei Gamma-Gamma-Winkelkorrel-
lationen vorkommen. Dazu ist die Verzögerungszeit schrittweise

zu erhöhen und jeweils die Koinzidenz-Zählrate aufzunehmen. Die
maximale Zählrate tritt auf, wenn Verzögerungszeit und Lebensdauer innerhalb der Zeitauflösung gleich sind.

Höhere Anforderungen an die Zeitauflösung (10-500ns) können nur
mit schnellen Koinzidenzstufen erfüllt werden. Die hierfür erforderlichen Zeitsignale können nicht mehr mit Hilfe einfacher
Diskriminatoren aus dem Energiesignal gewonnen werden. Wenn die
Zeitsignal-Erzeugung überhaupt aus dem Energiesignal erfolgen
soll, so sind spezielle zeitbestimmende Einkanal-Diskriminatoren
(TSCA) erforderlich. Diese werden dann häufig von einem doppelt-
differenzierten Energie-Signal angesteuert, dessen Nulldurchgang
(siehe 4.2.) amplitudenunabhängig ist. Der TSCA liefert dann sein
Zeitsignal zum Zeitpunkt des Nulldurchgangs. Falls keine Ampli-
tudenselektion stattfinden soll, so kann hier auch ein Nulldurch-
gangstrigger eingesetzt werden (Abb.6.16.). Bei unipolaren
Signalen lassen sich Einkanal-Diskriminatoren einsetzen, die
einen Constant-Fraction-Diskriminator zur Zeitsignal-Erzeugung
besitzen.

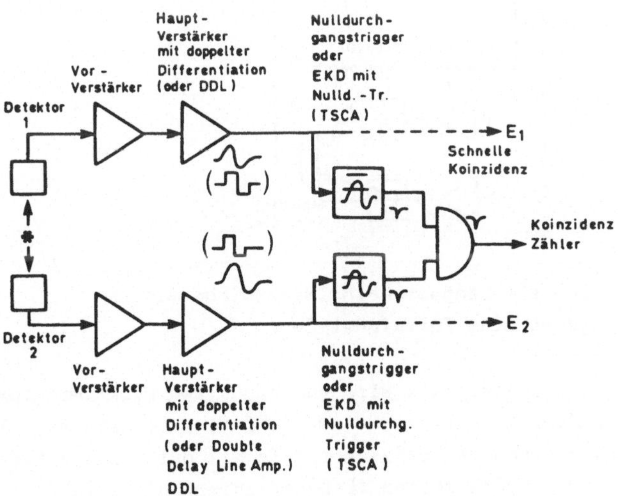

Abb.6.16.: Schnelle Koinzidenz-Anlage unter Verwendung der Energie-Signale

Die besten Ergebnisse werden jedoch durch konsequente Trennung
von Energie- und Zeitsignal-Zweig erreicht (Abb.6.17.). Die Vor-
verstärker-Ausgangssignale werden dazu im Energie-Zweig von normalen, auflösungsoptimierten Hauptverstärkern, und im Zeitzweig
von Zeitsignal-Filterverstärkern verstärkt.

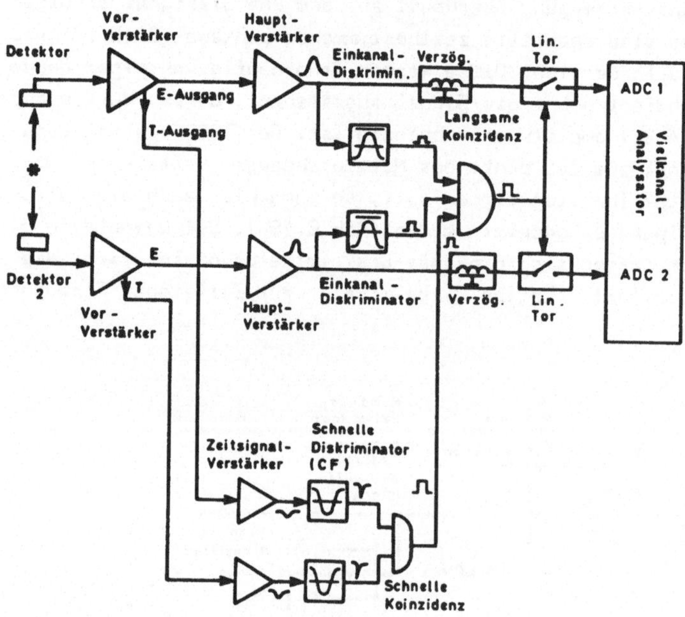

Abb.6.17.: Schnell-Langsam-Koinzidenzanlage mit
getrenntem Zeitsignal-Zweig

Die Erzeugung des Zeitsignals wird von schnellen Diskriminatoren
(üblicherweise Constant-Fraction- oder ARC-Diskriminatoren) übernommen, die eine schnelle Koinzidenzstufe mit guter Zeitauflösung
ansteuern. Die Energieselektion (EKD) geschieht nicht im Zeitzweig, sondern im Energiezweig. Die für die Ausgangssignale der
Einkanal-Diskriminatoren benötigten Koinzidenz-Eingänge werden
sinnvollerweise nicht auf die schnelle Koinzidenzstufe gegeben,

sondern auf eine separate langsame Koinzidenz, damit die Zeitauflösung entsprechend der Breite und Streuung der Energiesignale
eingestellt werden kann. Diese langsame Koinzidenzstufe wird
ausserdem vom Ausgangssignal der schnellen Koinzidenz angesteuert.
Solche Anlagen mit guter Zeitauflösung (im ns-Bereich) im Zeitzweig und breiter Zeitauflösung im Energiezweig werden Schnell-
Langsam-Schaltungen (engl. Fast Slow Coincidence) genannt.

Wie bereits erwähnt, ist es häufig nötig, eines der Zeitsignale
einer Koinzidenzanlage gegenüber einem anderen um einen festen
Betrag oder schrittweise zu verzögern, um Aussagen über die
Lebensdauer eines Niveaus oder zufällige Koinzidenzen zu erlangen.
Im Idealfall benötigt man ein Zeitspektrum, welches die Koinzidenz-
zählrate in Abhängigkeit von der Verzögerungszeit angibt. Solche
Zeitspektren können mit dem in 6.5. besprochenen Zeit-Amplituden-
Konverter (TAC) aufgenomen werden (Abb.6.18.). Mit dem früher
eintreffenden Zeitsignal wird der TAC gestartet, mit dem späteren
gestoppt.

Wenn beide Signale im Mittel gleichzeitig ankommen, d.h. das Maximum des Zeitspektrums bei t=0 liegt, so verzögert man das Stop-
Signal häufig um die Hälfte des TAC-Messbereichs, um das Zeitspektrum symmetrisch um das Maximum aufnehmen zu können. Das
Ausgangssignal des TAC kann entweder in einem Vielkanal-Analysator aufgenommen und als Zeitspektrum dargestellt werden, oder
es wird in einem Einkanal-Diskriminator analysiert, dessen Fensterbreite so zu einem Zeitfenster wird. Damit wirkt der TAC wie eine
Koinzidenzstufe mit einer durch den Einkanal-Diskriminator einstellbaren Zeitauflösung. Das EKD-Ausgangssignal kann wie in der
konventionellen Schnell-Langsam-Schaltung eine weitere langsame
Koinzidenzstufe ansteuern.

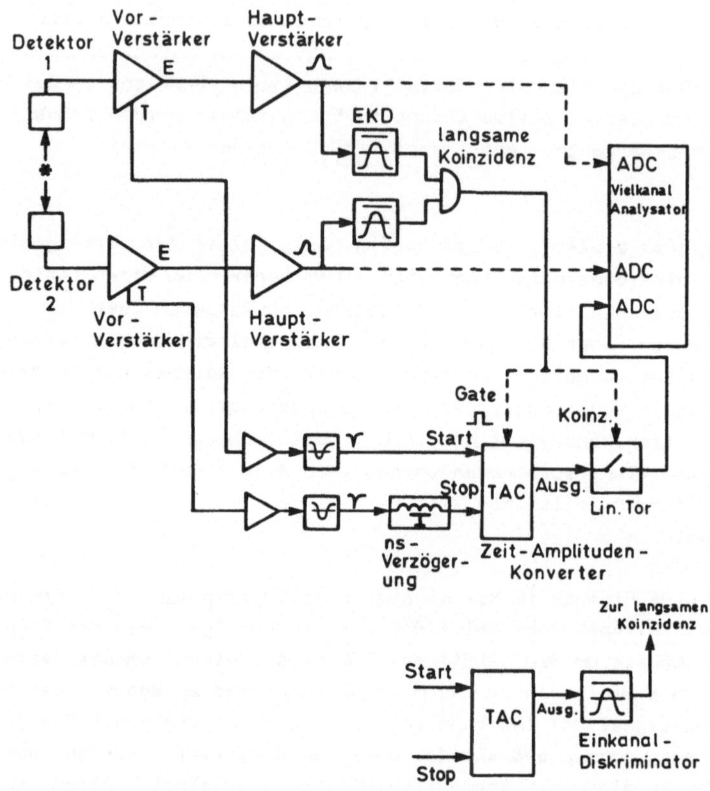

Abb.6.18.: Koinzidenzanlage mit Zeit-Amplituden-Konverter

7. Spezialgeräte

7.1. Teilchen-Identifizierung

Bei den meisten kernphysikalischen Messungen werden zum Nachweis
und zur Energiemessung von geladenen Teilchen sowie von Gamma-
quanten und Neutronenstrahlung Halbleiter-, Gas- und Szintillations-Detektoren verwendet. In diesen Detektoren erzeugen die
Teilchen direkt über Stösse, die Neutronen über Rückstoss-Protonen und die Gamma-Quanten über Elektronen durch Ionisation
eine Spur von Ladungsträgerpaaren, welche direkt gesammelt werden oder Lichtblitze anregen. In allen Fällen ist die Höhe des
Ausgangssignals dem Energieverlust des Teilchens im Detektorvolumen proportional. Kommt nur eine Teilchensorte vor, oder
liegen die Energien unterschiedlicher Teilchen nach Kenntnis der
Reaktion weit genug auseinander, um sie hierdurch zu unterscheiden, so reicht diese Information aus.

Insbesondere bei Streuexperimenten tritt jedoch oft eine Vielzahl
von Teilchen mit überlappenden Energiebereichen auf, so dass es
nötig ist, auf andere Art zusätzliche Informationen über die
Teilchensorte zu gewinnen. Dazu sind eine Reihe von Versuchs-
anordnungen und elektronischen Schaltungen entwickelt worden,
von denen einige der wichtigsten näher behandelt werden sollen.
Dieses sind:
- Teilchenidentifizierung mit Detektor-Teleskopen nach der
  Bethe-Bloch-Formel,
- Teilchen-Identifizierung mit Detektor-Teleskopen nach der
  empirischen Energie-Reichweite-Beziehung,
- Teilchen-Identifizierung durch Flugzeit-Messung.
Des weiteren kann auch die in 7.2. beschriebene Pulsform-Analyse
zu diesen Verfahren gezählt werden.

7.1.1. Teilchenidentifizierung mit Detektor-Teleskopen nach

der Bethe-Bloch-Formel

Zur Identifizierung der leichten geladenen Teilchen Protonen (p),
Deuteronen (d), Tritonen (t), Helium-3 (He-3) und Alpha (α) verwendet man eine als Teleskop-Anordnung bezeichnete Hintereinan-
der-Anordnung aus einem sehr dünnen Detektor, in dem das Teilchen
nur einen Bruchteil der Energie verliert (ΔE-Detektor) und einem
normalen Detektor, in dem die Restenergie des Teilchens absorbiert
wird (E-Detektor). Üblicherweise werden in solchen Teleskopen Halbleiter-Detektoren eingesetzt, die Verfahren können aber auch auf
Gasdetektoren (Proportionalzählrohre, Ionisationskammern) angewendet werden. Dabei wird in der ersten älteren Methode Gebrauch gemacht von der Bethe-Bloch-Formel, die den Energieverlust geladener
Teilchen beim Durchgang durch Materie beschreibt:

$$\frac{dE}{dx} = \frac{4\,e^4\,z^2}{m\,v^2} \cdot N \cdot Z \cdot \left(\log \frac{2mv^2}{I} - \log(1-\beta^2) - \beta^2 \right)$$

wobei N die Dichte und Z die Ordnungszahl des absorbierenden
Materials und m die Masse, v die Geschwindigkeit und z die
Ordnungszahl des Teilchens ist. I ist die mittlere Ionisations-
energie pro Atom im Absorber.

Für $\beta = v/c \ll 1$ vereinfacht sich die Gleichung zu

$$\frac{dE}{dx} = K_1 \frac{m z^2}{E} \cdot \log \left(K_2 \frac{E}{m} \right)$$

mit den Konstanten K_1 und K_2.
Da aber der logarithmische Term nur schwach energieabhängig ist,
kann die Gleichung weiter vereinfacht werden:

$$\frac{dE}{dx} = K \cdot \frac{m z^2}{E} \qquad \text{bzw.} \qquad \frac{dE}{dx} E = K \cdot m \cdot z^2$$

Damit kann aus der Messung von dE/dx (z.B. in einem sehr dünnen

Detektor) und der Gesamtenergie E durch Multiplikation eine
Grösse gewonnen werden, die proportional zu $m \cdot z^2$ ist und eine
Teilchenidentifizierung zulässt:

	p	d	t	He-3	α
$m \cdot z^2 \sim$	1	2	3	12	16

Die Messanordnung zur Gewinnung von dE/dx, E und dem Produkt aus
beiden Grössen ist in Abb.7.1. gezeigt.

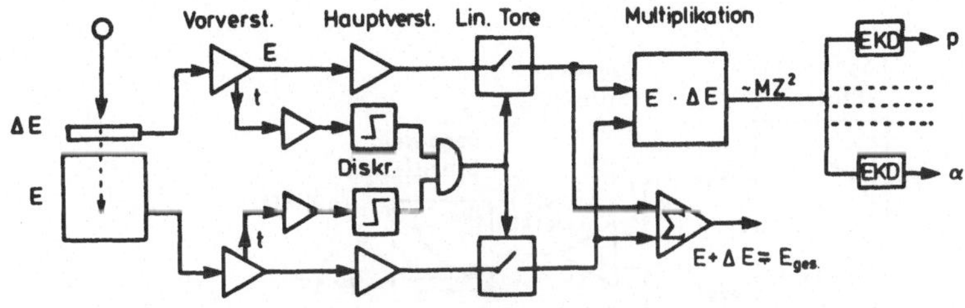

Abb.7.1. Bethe-Bloch-Teilchenteleskop

Das Teilchen durchfliegt zuerst einen dünnen Detektor der Dicke
Δx und verliert dabei die Energie ΔE. Anschliessend trifft es
auf einen dicken E-Detektor, in dem seine restliche Energie absorbiert wird. Zur Energiemessung werden E und ΔE addiert und
einem ADC zugeleitet. Zur Teilchenidentifizierung werden E und
Δ E elektronisch multipliziert, wobei beide Operationen nur dann
stattfinden können, wenn in beiden Detektoren ein koinzidentes
Signal aufgetreten ist. Das Ausgangssignal der Multiplikationsstufe kann entweder einem zweiten ADC für eine mehrdimensionale
Analyse oder einem oder mehreren Einkanal-Diskriminatoren zugeführt werden, deren Fenster auf die entsprechenden Teilchensorten-
Amplituden gesetzt werden. Die EKD-Signale können dann Torstufen
ansteuern oder einen Vielkanal-Analysator auf verschiedene Gruppen
umschalten (siehe 10.), damit die Spektren verschiedener Teilchen
separat akkumuliert werden können.

Die Multiplikationsstufe ist aus Gründen der hohen Zählrate und
Bandbreite meist anders aufgebaut als bei einem Analogrechner.
Die Eingangssignale werden an den nichtlinearen (näherungsweise
logarithmischen) Kennlinien von Dioden (oder Basis-Emitter-
Strecken von Transistoren) logarithmiert /20/, dann addiert und
an einem weiteren Bauelement mit logarithmischer Kennlinie ent-
logarithmiert (Abb.7.2.). Ausserdem kann für schnelle Multipli-
kationsstufen der Effekt ausgenutzt werden, dass der Drain-Strom
eines Feldeffekt-Transistors im Anlaufgebiet linear von der
Source-Drain-Spannung und von der Gate-Drain-Spannung abhängt.

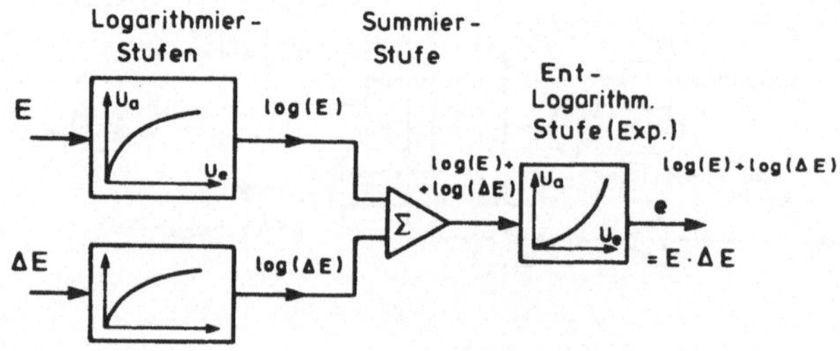

Abb.7.2.: Schnelle Multiplikationsstufe für Teilchen-
          identifizierung

Diese einfachste Anwendung der Bethe-Bloch-Formel liefert nur in
einem gewissen Energiebereich ein $\Delta E \cdot E$ -Signal, das unabhängig
von E ist. Vor allem bei kleinen Energien macht sich der logarithmische Teil der Gleichung bemerkbar, der anfangs vernachlässigt
wurde (Abb.8.3.). Um das Absinken des Teilchen-Signals bei

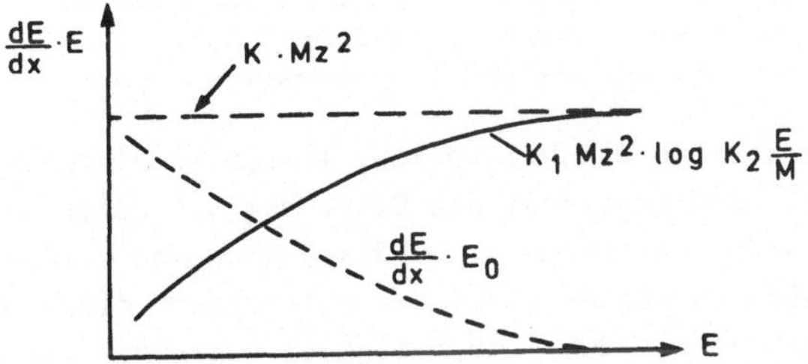

Abb.7.3.: Energieabhängigkeit des Teilchensorten-Signals
beim Bethe-Bloch-Teleskop

kleinen Energie-Werten zu kompensieren, addiert man zu dem
$E \cdot dE/dx$ -Signal ein Signal $E_0 \cdot dE/dx$ (E_0 einstellbare Konstante).
In diesem Falle kann die Grösse

$$\Delta E \cdot (E + E_0) \sim mz^2$$

über einen grösseren Energiebereich zur Teilchenidentifizierung
benutzt werden.

Ein weiterer Fehler des Bethe-Bloch-Teleskops besteht darin, dass
die Annahme $\Delta E \ll E$ für kleine Teilchenenergien nicht mehr erfüllt ist, d.h. man kann die näherungsweise Gesamtenergie nicht
mehr aus dem E-Detektor entnehmen. Um diesen Fehler zu verkleinern, muss auch das E-Signal einen Teil des ΔE-Signals erhalten:

$$E \rightarrow E + k \cdot \Delta E$$

Mit diesen beiden Verbesserungen ist

$$\Delta E \cdot (E + E_0 + k \cdot \Delta E) \sim mz^2$$

in einem weiten Energiebereich von einigen 100 keV bis zu ca.
10 MeV energieunabhängig.

7.1.2. Teilchenidentifizierung mit Detektor-Teleskopen nach

der empirischen Energie-Reichweite-Beziehung

Da die Verwendung des Bethe-Bloch-Teleskops einige vereinfachende
Annahmen voraussetzt, und ausserdem die Dicke des ΔE-Detektors
möglichst klein gehalten werden muss, um diese Annahmen verwirklichen zu können, wird in der Mehrzahl der Fälle jetzt ein anderes
Verfahren zur Auswertung der ΔE- und E-Signale aus einem Teleskop benutzt, welches nicht auf Vereinfachungen einer exakten
Formel beruht.

Dieses von Goulding /4/ entwickelte und häufig nach ihm benannte
Verfahren (Goulding-Teleskop) geht von der empirischen Energie-
Reichweite-Beziehung für geladene Teilchen in Materie aus:

$$R = a\,E^b$$

a ist eine für jede Teilchensorte charakteristische Konstante,
b hat für den Energiebereich 1...100MeV etwa den Wert b=1,73 .
Diese Beziehung ist für die vorkomenden leichten Teilchen recht
gut erfüllt und weicht nur bei niederenergetischen He-3- und α-
Teilchen um etwa 2% ab. In diesem Fall wird meist ein etwas ge-
änderter Exponent b benutzt.

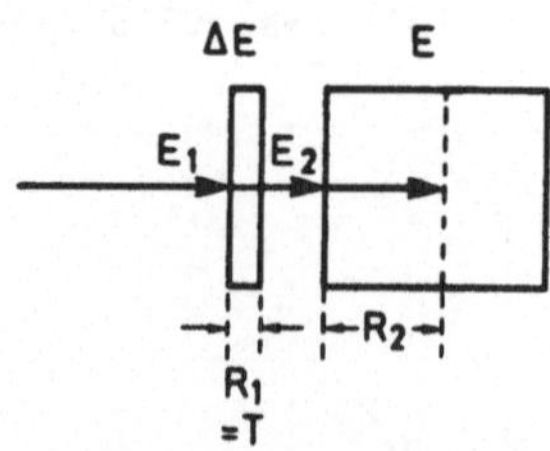

Abb.7.4.: Reichweite eines Teilchens in
einem Goulding-Detektor-Teleskop

Auch in diesem Teleskop-Typ wird ein ΔE- und ein E-Detektor benutzt, wobei der ΔE-Detektor aber nicht vernachlässigbar dünn sein muss. Seine Dicke D muss nur so gewählt werden, dass kein interessierendes Teilchen in ihm total gestoppt wird.

Die Gesamtreichweite eines Teilchens im Detektor-Material (z.B. Silizium) ist

$$R = R_1 + R_2$$

wobei $R_1 = D$ ist, da der ΔE-Detektor immer durchdrungen werden soll:

$$R = D + R_2 = a \cdot E_1^{1,73} \qquad (E_1 = \text{Gesamtenergie})$$

Die Reichweite des Teilchens mit der Restenergie E_2 im E-Detektor ist R_2:

$$R_2 = a \cdot E_2^{1,73}$$

Die Grösse

$$\frac{D}{a} = E_1^{1,73} - E_2^{1,73} = (E + \Delta E)^{1,73} - E^{1,73}$$

ist nun eine für das jeweilige Teilchen charakteristische und von der Energie E unabhängige Grösse.

Die elektronische Aufbereitung der Signale besteht in diesem Falle aus Potenzierungen $(E + \Delta E)^{1,73}$ und $E^{1,73}$. Die hierfür verwendeten Funktionsgeneratoren bestehen wiederum aus Bauelementen mit logarithmischen Kennlinien. Da die gekrümmten Kennlinien von Halbleiter-Bauelementen unweigerlich Fertigungsstreuungen und unterschiedlichen Temperaturgängen unterworfen sind, die den Fehler vergrössern, wurde eine Schaltung entwickelt, die einen einzigen Funktionsgenerator für alle Signale verwendet.

Zu diesem Zweck wird zunächst das E-Signal in Rechteckform und auf eine bestimmte Länge gebracht, dann wird nach einer bestimmten Zeit auf dessen Dach der ebenfalls rechteckförmige ΔE-Impuls aufaddiert (Abb.7.5.). Dieser Treppenimpuls durchläuft den Funktionsgenerator, am Ausgang erscheint ein Impuls mit der ersten Stufe $E^{1,73}$ und der zweiten Stufe $(E+ \Delta E)^{1,73}$.

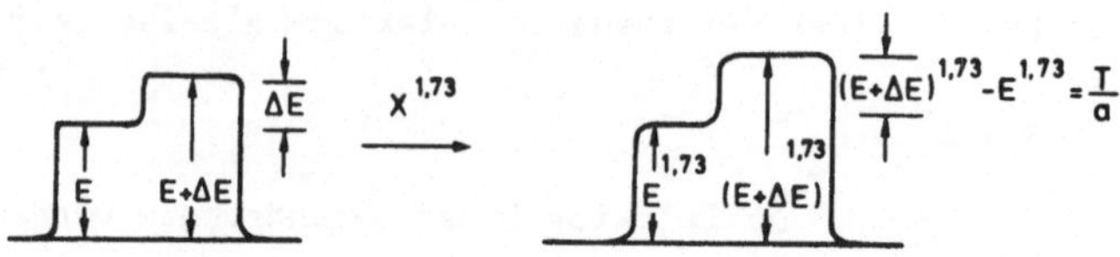

Abb.7.5.: Impulsformen im Goulding-Teilchenteleskop

Der Sprung von der ersten zur zweiten Stufe entspricht dem
gesuchten Wert

$$\frac{D}{a} = (E + \Delta E)^{1,73} - E^{1,73}$$

der die Teilchensorte angibt. Das treppenförmige Signal wird
durch eine Addierstufe und zwei lineare Tore/Impulsdehner erzeugt, die über eine Zeitablaufsteuerung zu verschiedenen Zeiten
geöffnet werden (Abb.7.6.). Zur Gewinnung des E+ ΔE-Signals wird
nur der höhere Teil dieses Treppenimpulses durchgelassen, zur
Erzeugung des Teilchensignals wird er dem Eingang des Funktions-
generators zugeführt. Das potenzierte Ausgangssignal wird mit
einer Klemmschaltung auf die erste Treppenstufe geklemmt, so
dass nur der Sprung von der ersten zur zweiten Stufe über ein
weiteres lineares Tor als D/a-Signal am Ausgang erscheint.

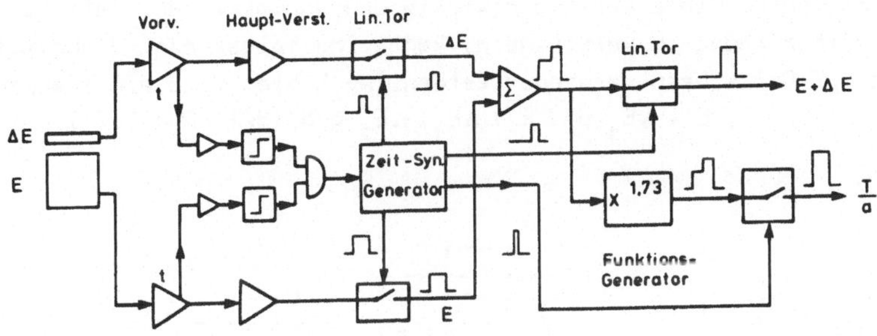

Abb.7.6.: Blockschaltbild eines Goulding-Teleskops

Funktionsgenerator, Summierstufe, Ablaufsteuerung und die aus-
gangsseitigen linearen Tore sind in einem Gerät integriert als
Teilchenidentifizierungs-Stufe von mehreren Herstellern erhältlich, so dass nur die rechteckförmigen analogen Eingangssignale
und ein Koinzidenzsignal bereitgestellt werden müssen. Die
Weiterverarbeitung des Teilchen-Signals erfolgt wie beim Bethe-
Bloch-Teleskop.

Der wesentliche Vorteil des Goulding-Teleskops besteht darin,
dass keine Näherungen verwendet werden, und dass insbesondere
der ΔE-Detektor eine grössere Dicke haben darf. Dadurch wird
der Anwendungsbereich zu höheren Energien stark erweitert.

Das Zwei-Detektor-Teleskop nach der Goulding-Methode entspricht
zwar schon vielen Anforderungen, aber auch hier wird die Genauigkeit der Teilchenidentifizierung, insbesondere bei den dicht
zusammen liegenden D/a-Signalen schwererer Ionen, begrenzt.
Dieses liegt vor allem an der Ungenauigkeit des ΔE-Signals.
Dessen Höhe kann durch Channeling-Effekt im Deterktorkristall

vergrössert, durch Blocking-Effekt verkleinert werden. Ausserdem erscheinen durch die Wechselwirkung der Teilchen mit den
Elektronen im Kristall die Impulse in einer Landau-Verteilung
mit einem höherenergetischen Schwanz.

Um die durch diese Effekte bewirkte Ungenauigkeit der Teilchenidentifizierung zu verkleinern, kann eine Teleskopanordnung mit
zwei ΔE-Detektoren verwendet werden. Auch hier wird ein Treppen-
signal aus E, E + ΔE_1 und E + ΔE_1 + ΔE_2 gebildet (Abb.7.7.).

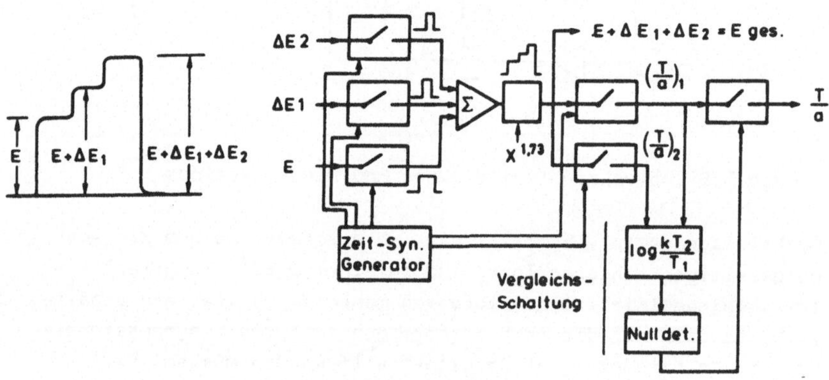

Abb.7.7.: Drei-Detektor-Teleskop

Die mit 1,73 potenzierten Sprünge zwischen den Treppenstufen
entsprechen wieder den für jede Teilchensorte charakteristischen
D/a-Werten. Die Sprungweiten müssen bei richtigem Arbeiten den
Dickenverhältnissen der Detektoren entsprechen. Mit einer Kom-
paratorschaltung kann dieses Verhältnis überwacht werden, und
bei Abweichungen wird das Teilchensorten-Ausgangssignal gesperrt.

Eine weitere Fehlerquelle kann bei Teleskopen zu Störungen führen,
nämlich eine zu hohe Zählrate von unerwünschten Teilchen. Besonders wenn Experimente an einem gepulsten Strahl mit sehr kleinem
Tastverhältnis durchgeführt werden, entstehen alle erwünschten

und unerwünschten Reaktionsprodukte innerhalb der Auflösungszeit
der Apparatur. Die den Detektoren entnommenen Impulse bestehen
dann vielfach aus aufaddierten Signalen mehrerer Teilchen. Eine
gewisse Reduktion dieses Effektes kann dadurch erreicht werden,
dass der E-Detektor gerade so dick gemacht wird, dass die Teilchen der höchsten noch interessierenden Energie gerade gestoppt
werden. Alle höherenergetischen Teilchen (z.B. elastisch gestreu-
te Strahl-Bestandteile) durchfliegen den E-Detektor und können
in einem dahinter aufgestellten Antikoinzidenz-Detektor aufge-
fangen werden. Dessen Ausgangsimpuls sperrt dann über den Anti-
koinzidenzeingang einer Koinzidenzstufe die Weiterverarbeitung
der Impulse im Teilchenidentifizierer.

7.1.3. Teilchenidentifizierung durch Flugzeit-Messung

Will man auch schwerere Ionen als He-4, deren D/a-Signale zu
dicht zusammen liegen, noch voneinander trennen, oder erschwert
eine zu hohe Zählrate von unechten Teilchensignalen das richtige
Arbeiten eines normalen Teleskops, so lässt sich mit einer Flugzeit-Messung eine zusätzliche Massenidentifizierung erreichen.

Zu diesem Zweck setzt man dicht hinter das Streuexperiment einen
sehr dünnen ΔE-Detektor, der nur die Aufgabe hat, eine Zeitmar-
kierung (Start) zu liefern. Nach einer gewissen Laufstrecke,
die das Auflösungsvermögen bestimmt, folgt ein normales Detektor-
Teleskop, aus dem man u.a. das Zeitsignal entnimmt, welches das
Ende der Laufstrecke markiert. Die beiden Zeitsignale betätigen
über entsprechende Verstärker und Diskriminatoren einen Zeit-
Amplituden-Konverter (TAC), dessen Ausgangsamplitude proportional
zur Flugzeit ist. Da der Ausdruck

$$E \cdot \frac{t^2}{L^2} \sim m \qquad\qquad (L = \text{Laufstrecke})$$

ist, lässt sich durch Quadrieren des TAC-Signals und Multiplikation
mit E eine Massentrennung erreichen (Abb.7.8.).

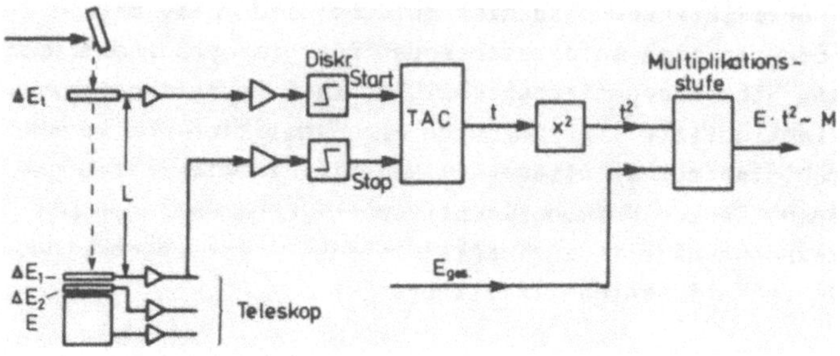

Abb.7.8.: Massentrennung durch Flugzeit-Messung

Die Multiplikationsstufe und die Potenzierungsstufe arbeiten
nach den gleichen Verfahren wie in den oben beschriebenen
Teilchenidentifizierungs-Stufen. Häufig lassen sich diese Geräte
auch auf verschiedene Betriebsarten wie Teilchenidentifizierung,
Multiplikation (für Flugzeit-Messung) und Division (für Orts-
bestimmung) umschalten.

7.1.4. Teilchenidentifizierung im Rechner

Bei allen drei bisher beschriebenen Methoden zur Teilchen- bzw.
Massenidentifizierung lassen sich die arithmetischen Operationen
wie Addition, Multiplikation und Potenzierung statt mit analogen
impulsverarbeitenden Geräten auch in einer digitalen Rechenanlage
durchführen. Diese Methode hat den Vorteil, dass man mit wesentlich weniger apparativem Aufwand auskommt. Es müssen nur die verschiedenen Energie- und Zeitinformationen über Analog-Digital-
Konverter (ADC's) in den Rechner gegeben werden. Die Operationen
können bei kleinen Zählraten direkt ausgeführt werden, bei grossen
Zählraten werden alle Eingangsdaten in digitalisierter Form auf
Magnetband gespeichert (List-Mode, siehe 10.) und in einem sepa-

raten Arbeitsgang später bearbeitet. Von Vorteil ist hierbei
weiterhin, dass die Daten nach verschiedenen Methoden (z.B. Bethe-
Bloch oder Goulding) und mit verschiedenen Konstanten und Expo-
nenten (z.B. b=1,65...1,75) bearbeitet werden können, nachdem
die Messung schon abgeschlossen ist.

7.2. Impulsform-Analyse

Zur Unterscheidung von Ereignissen durch Gamma-Quanten und Neutronen (teilw. auch geladenen Teilchen) in Detektoren verwendet man
Schaltungen, die Impulse unterschiedlicher Anstiegs- und Abfall-
zeiten trennen können. Diese hauptsächlich für Szintillations-
detektoren verwendete Methode der Impulsform-Analyse (engl.
Pulse Shape Discrimination) kann im weiteren Sinne auch zu den
Teilchenidentifizierungs-Methoden gezählt werden /9//14/.

In Szintillatoren (Kristalle, durchsichtige Plastikmaterialien
und organische Flüssigkeiten) werden durch Wechselwirkung zwischen
geladenen Teilchen und dem Kristallgitter bzw. den organischen
Molekülen Lichtblitze (Photonen) erzeugt. Die Anzahl der gebildeten Photonen ist proportional zur Teilchenenergie. Auf diese Weise
können geladene Teilchen direkt, Gamma-Strahlung über Gamma-
Elektron-Prozesse und Neutronen im wesentlichen über Rückstoss-
protonen nachgewiesen werden, Die Photonen erzeugen auf der
Photokathode eines Sekundärelektronen-Vervielfachers Photoelektronen, die durch Sekundäremission vervielfacht und dann als
Stromsignal ausgewertet werden (siehe 2.4.).

Aus der Höhe des Stroms lässt sich zwar die Energie, nicht aber
die Art des Teilchens ermitteln. Die Impulsform kann hier jedoch
weitere Informationen liefern. Bei schnellen Fotovervielfachern
wird die Form im Wesentlichen durch die Abklingzeit des Szintil-
lators bestimmt. Diese hat bei festen Plastik- und organischen
Flüssigkeits-Szintillatoren (z.B. Stilben, NE-213, NE-218) für
verschiedene Teilchensorten ein Abklingverhalten nach Abb.7.9.

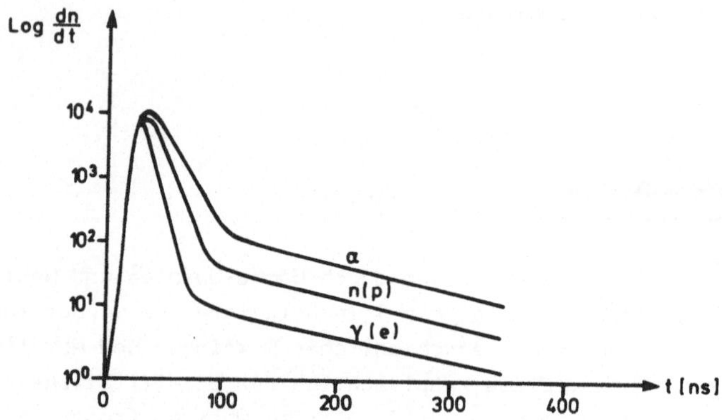

Abb.7.9.: Abklingverhalten von organischen Szintillatoren
bei verschiedenen Teilchensorten

Der Abfall der Lichtemission besteht zeitlich nacheinander aus
verschiedenen Exponentialkurven, von denen die erste (schnellste)
für verschiedene Teilchensorten unterschiedliche Abkling-Zeit-
konstanten hat, während die langsameren Komponenten darauf un-
empfindlich sind.

Dies kann folgendermassen erklärt werden: Bei schweren ionisieren-
den Teilchen ist die Ionisationsspur sehr kurz, die Dichte der
erzeugten Elektron-Loch-Paare sehr gross. Daher rekombinieren
diese Paare mit sehr grosser Wahrscheinlichkeit am Entstehungsort,
es entstehen dort angeregte Gitterstellen (Excitonen), die von
den leuchtaktiven Zentren nach Diffusion eingefangen werden.
Diese werden angeregt und geben die Energie in Form von Lichtquanten wieder ab. Bei leichten Teilchen (Elektronen) und insbesondere bei der Absorption von Gamma-Quanten entsteht eine
sehr lange Spur von Elektron-Loch-Paaren mit entsprechend geringer
Dichte. Die Rekombinationswahrscheinlichkeit ist geringer, die

Elektronen und Löcher wandern getrennt zu den aktiven Zentren
und regen diese an. Da dieser Prozess in kürzerer Zeit abläuft,
kommt es zu den unterschiedlichen Licht-Abklingzeiten.

In verschiedenen anorganischen Kristallen (z.B. CsI(Tl) und
ZnS) ist ein entgegengesetztes Verhalten der Zeitkonstanten
festzustellen, hier ist z.B. der Abfall bei Alpha-Teilchen am
stärksten. Andere Kristalle zeigen überhaupt keine Änderung
der Impulsform.

Zur Auswertung der verschiedenen Abklingzeiten wurden mehrere
Schaltungen entwickelt, die teilweise mit dem direkten, hauptsächlich aber mit dem integrierten Fotovervielfacher-Impuls
arbeiten. Der Ausgangsstrom (Abb.7.9) wird dabei mit einem Kondensator oder einem aktiven Integrator aufintegriert, es ergibt
sich dann eine Impulsform nach Abb.7.10, die die gesammelte
Ladung in Abhängigkeit von der Zeit darstellt.

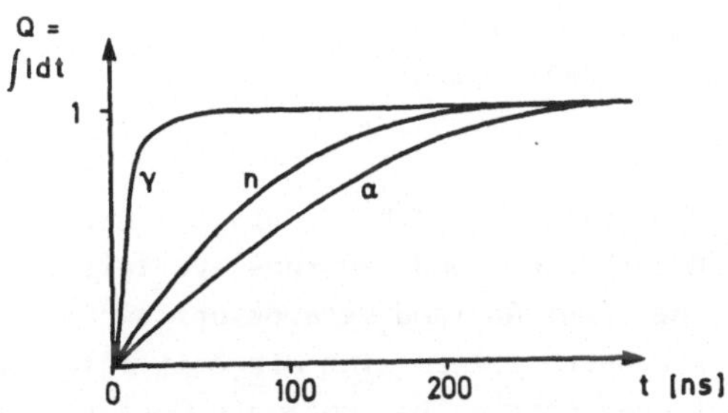

Abb.7.10.: Integrierter Fotovervielfacher-Impuls
für verschiedene Teilchensorten

Die Anstiegszeit dieser Impulse ist für Gamma-Quanten am kürzesten
(ca. 10ns) und für Neutronen (Rückstoss-Protonen) wesentlich
länger (ca. 130ns). Mit entsprechenden Szintillatoren können

auch Protonen und Alpha-Teilchen voneinander getrennt werden.
Gemessen wird die Zeit zwischen dem Beginn des Lichtblitzes
(untere Schwelle) und dem Erreichen eines bestimmten Bruchteils
des Endwertes (obere Schwelle). Das Anstiegszeit-Spektrum hat
einen Verlauf nach Abb.7.11.

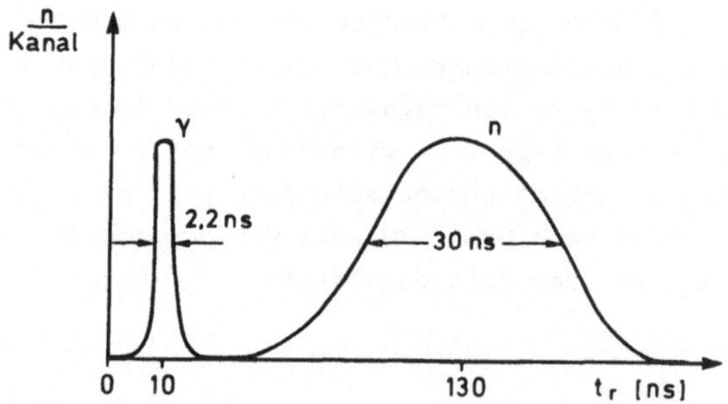

Abb.7.11.: Anstiegszeit-Spektrum bei
n-Gamma-Diskriminierung

Die obere Schwelle ist nicht unkritisch, da sie auf die Zeitauflösung und den Abstand der Gamma- und Neutronen-Verteilung im
Zeitspektrum Einfluss hat. Der Abstand vergrössert sich mit höher
werdender Schwelle, dafür verbreitern sich die Zeitverteilungen,
so dass sie sich überlappen können. Der optimale Wert für die
kleinstmögliche Überlappung liegt bei 0,8...0,9 U_{max}.

Die elektronische Verarbeitung der Signale kann in einzelnen
Geräten vorgenommen werden, oder es wird einer der von mehreren
Firmen angebotenen Pulsform-Analysatoren eingesetzt, die genaue
Messungen über einen grossen dynamischen Bereich gestatten.

Im einfachsten Falle kann eine Anlage nach Abb.7.12. aufgebaut

werden. Das Startsignal für einen TAC wird über einen Diskriminator der letzten Dynode eines Fotovervielfachers entnommen.

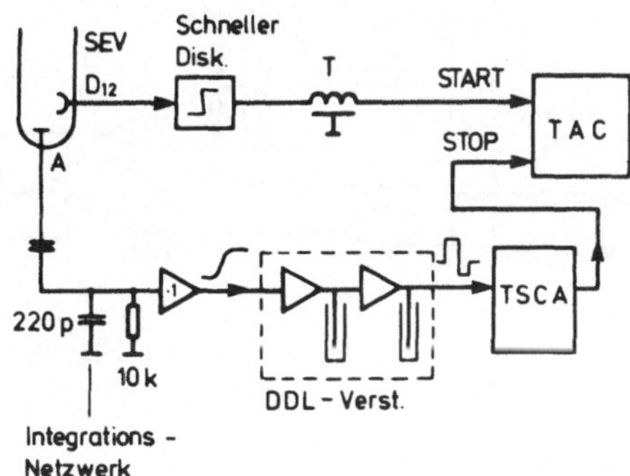

Abb.7.12.: Impulsform-Analyse mit Einzelgeräten

Das Stopsignal wird erzeugt, wenn das integrierte Anodenstrom-
Signal einen bestimmten Wert erreicht hat. Das Signal wird dazu
in einem Verstärker mit doppelter Verzögerungsleitung verstärkt
und zweimal differenziert. Dadurch entsteht ein rechteck-
förmiges Signal mit anstiegszeitunabhängigem Nulldurchgang. Ein
Einkanal-Diskriminator mit Nulldurchgangs-Trigger (TSCA) gibt
an den TAC ein Stop-Signal ab, wenn die Amplitude innerhalb des
einstellbaren Fensters liegt, und zwar zum Zeitpunkt des Nulldurchgangs.

Da in dieser einfachen Anordnung die Anstiegszeit bis zu einer
konstanten Amplitude gemessen wird, ist die n-Gamma-Trennung nur
in einem sehr kleinen Energiebereich möglich. Die Schaltungen der
käuflich erhältlichen Pulsform-Analysatoren ist dagegen so ver-
bessert, dass sie immer die Zeit zwischen zwei konstanten Bruchteilen der Amplitude (z.B. 10% und 90%) messen. Dadurch wird das
Ergebnis in einem weiten Bereich energieunabhängig. Ein typisches
Blockschaltbild ist in Abb.7.13. wiedergegeben.

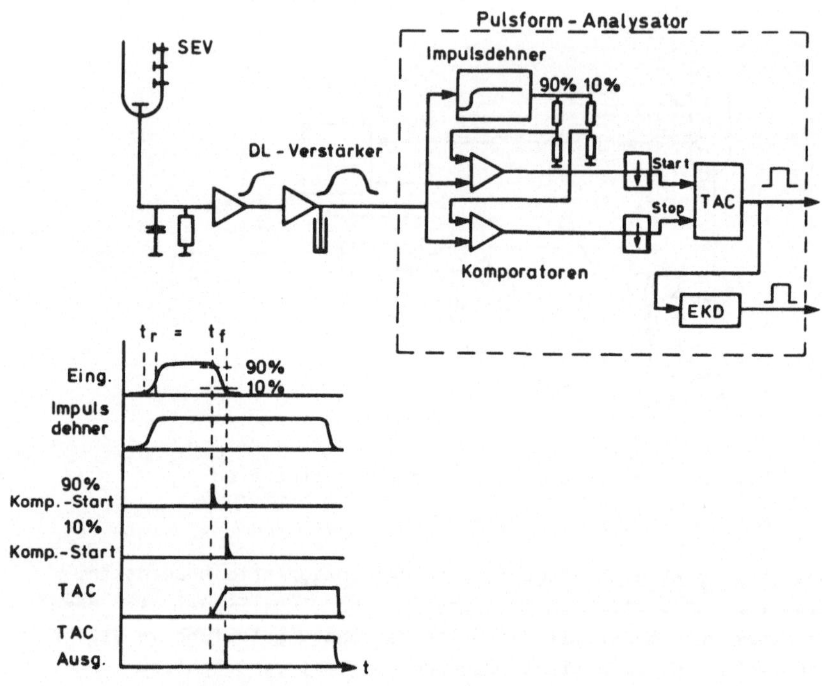

Abb.7.13.: Impulsform-Analysator zur
n-Gamma-Diskriminierung

Da die Anstiegszeit-Messung bei konstanten Bruchteilen der Amplitude erfolgen soll, muss die Maximalamplitude schon vor der zu
messenden Anstiegsflanke verfügbar sein. Zu diesem Zweck wird
das integrierte Fotovervielfacher-Signal mit einem Verstärker
mit einfacher Leitungs-Impulsformung (Single Delay Line Shaping)
verstärkt. Dadurch wird ein Impuls erzeugt, dessen Rückflanke
eine invertierte Abbildung der Vorderflanke ist. Im Analysator
wird nun die Abfallzeit der Rückflanke dieses Impulses gemessen.
Die Maximalamplitude steht als Impulsdach zur Verfügung und wird

in einem Impulsdehner gespeichert. Zwei Komparatoren, die mit dem
ungedehnten Eingangssignal und mit 90% bzw. 10% der Ausgangsamplitude des Impulsdehners angesteuert werden, schalten um, wenn
der Eingangsimpuls 90% bzw. 10% des Maximums erreicht hat. Daraus
werden über Monovibratoren ein Start- und ein Stop-Impuls für
einen Zeit-Amplituden-Konverter (TAC) erzeugt. Dessen Ausgangsamplitude ist proportional zur Abfallzeit des zu analysierenden
Impulses. Mit einem Einkanal-Diskriminator, der auf den Anstiegszeit-Bereich für die entsprechende Teilchensorte gesetzt wird,
kann dann eine Teilchendiskriminierung erfolgen, z.B. eine
Trennung von Neutronen- und Gamma-Ereignissen.

Die Methode der Pulsform-Diskriminierung kann nicht nur bei
Szintillations-Detektoren verwendet werden, sondern in einge-
schränktem Masse auch bei Gasdetektoren. Da geladene Teilchen
im Gasvolumen sehr schnell gestoppt werden und nur eine sehr
kurze Ionisationsspur erzeugen, während Gamma-Quanten in einem
sehr grossen Bereich Elektron-Ionen-Paare produzieren, ergibt sich
für Teilchen eine kurze und gut definierte Sammelzeit, während
die Sammelzeit für Gamma-Ereignisse wesentlich länger und auch
stärker gestreut ist (Abb.7.14.).

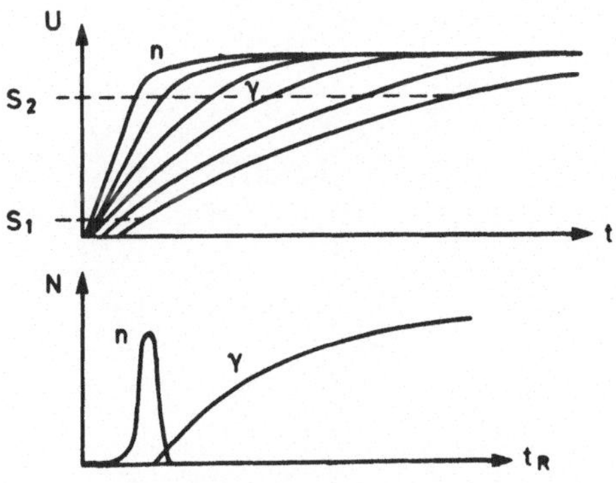

Abb.7.14.: Pulsform-Diskriminierung in
           Gasdetektoren

Hierdurch lässt sich mit der Pulsform-Analyse der Gamma-Unter-
grund in einem Proportional-Zählrohr für 10...50keV-Neutronen
recht gut unterdrücken.

8. Hilfsgeräte

8.1. Test-Impulsgeneratoren

Test-Impulsgeneratoren sind in der Nuklear-Elektronik nötig, um
die Funktion von Energie- und Zeitsignal-Zweigen überprüfen zu
können, eine Energieeichung durchzuführen und die Linearität von
Spektroskopieanlagen zu bestimmen. Der Testimpuls soll i.a. den
Ladungsimpuls eines Kernstrahlungs-Detektors simulieren, muss also
selbst ein definiert einstellbarer Ladungsimpuls sein. Dieses
wird dadurch erreicht (Abb.8.1.), dass ein genau einstellbarer
Spannungssprung über eine sehr kleine Koppelkapazität auf den
ladungsempfindlichen Vorverstärker des zu testenden Systems gegeben wird (siehe auch Kapitel 3.).

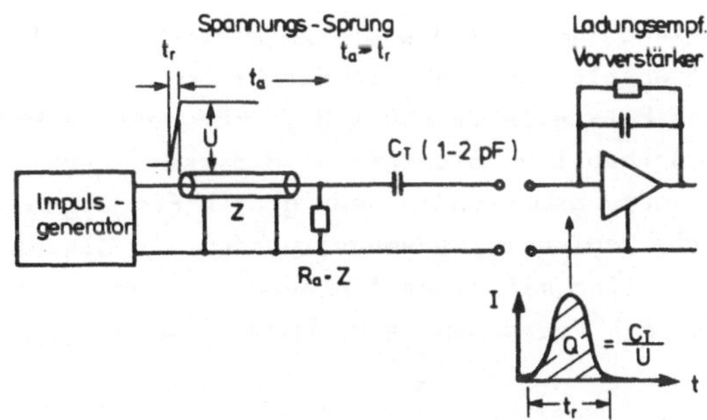

Abb.8.1.: Test-Impulsgenerator für Ladungsimpulse

Der Spannungssprung U wird von einem Impulsgenerator geliefert,
der eine sehr kleine Anstiegszeit (einige 10ns, entsprechend der
Sammelzeit in einem Detektor) und eine demgegenüber sehr lange
Abfallzeit (5...1000µs) besitzt. Wenn der Koppelkondensator C_T
genügend klein ist, wird er völlig umgeladen, und dem Eingang des
ladungsempfindlichen Vorverstärkers wird die Ladung $Q = C_T/U$ zugeführt. Der in viele Vorverstärker eingebaute Koppelkondensator,
der über den Test-Eingang zugänglich ist, ist meist in der Kapa-
zitätstoleranz nicht genügend genau spezifiziert, um zu Eich-

zwecken zu dienen. Aus diesem Grunde wird zu jedem Test-Impulsgenerator eine steckbare Einheit mitgeliefert, die aus einem
parallelen Kabelabschlusswiderstand (meist 100 Ohm) und einer
genau bekannten Koppelkapazität (z.B. 1 oder 2pF) besteht.

Für reine Linearitäts- und Eichmessungen wird diese Einheit allein
auf den Vorverstärker-Eingang gesteckt. Für Auflösungsmessungen
wird sie über ein koaxiales T-Stück dem Detektor parallel geschaltet. Der Detektor muss bei der Messung mit seiner Betriebsspannung versorgt werden, damit seine Eigenkapazität dem Betriebs-
zustand entspricht. Die Impulsgenerator-Amplitude wird bei diesen
Messungen mit dem Rauschen des gesamten Systems überlagert, wobei
sich Signal- und Rauschleistungen (Quadrate der Spannungen!)
addieren. Die Verbreiterung der Impulsgenerator-Linie im Impulshöhenspektrum entspricht der elektronischen Komponente der Energieauflösung.

Bei der Ankopplung eines Impulsgenerators an einen Vorverstärker
über einen Koppelkondensator entsteht in der Gesamt-Übertragungsfunktion eine weitere Polstelle (siehe 4.2.). Für normale Messungen ist dies meist unerheblich. Sichtbar wird dieser Effekt dann,
wenn z.B. bei Obersteuerungsmessungen sehr grosse Eingangsampli-
tuden und hohe Verstärkungswerte verwendet werden. In diesem
Falle solte das Koppelglied mit einer "Pole-Zero-" Kompensation
(siehe 4.5.) nach Abb.8.2. versehen sein, um Unterschwinger zu
unterdrücken.

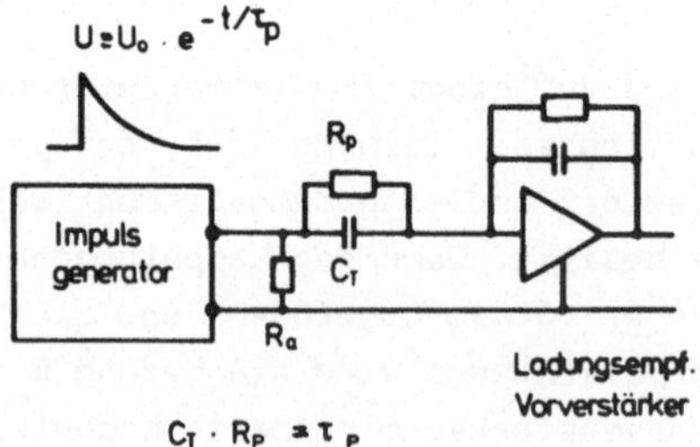

Abb.8.2.: Pole-Zero-Kompensation eines Test-Impulsgenerators

An den Impulsgenerator selbst werden für kernphysikalische Anwendungen hohe Anforderungen gestellt. Die Ausgangsspannung
(und über C_T die Ladung) soll eine Stabilität und Genauigkeit
der Einstellung aufweisen, die besser ist als die der nachfolgenden Elektronik (typisch 10^{-5} bzw. 10^{-5}/K). Diese Forderungen
können nur erfüllt werden, wenn die Ausgangsspannung möglichst
direkt aus einer Gleichspannung abgeleitet wird. In den üblicherweise verwendeten Relais-Impulsgeneratoren (Abb.8.3.) wird dies
dadurch realisiert, dass ein Kondensator periodisch über ein
Relais an eine hochkonstante, präzise einstellbare Gleichspannung
gelegt und anschliessend von dieser getrennt und an die Ausgangs-
buchse gelegt wird. Über den Abschlusswiderstand der Koaxialleitung wird er dann mit einer definierten Zeitkonstanten entladen.

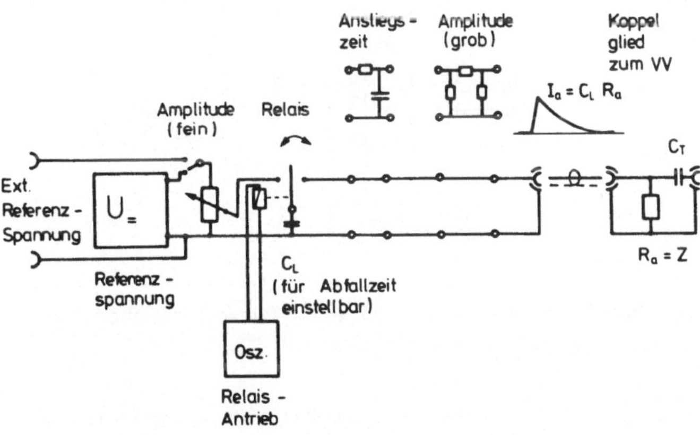

Abb.8.3.: Relais-Impulsgenerator

Die Relais sind mit quecksilberbenetzten Kontakten versehen, um
Kontaktprellen und damit Mehrfach-Impulse zu vermeiden. Mit solchen Relais sind Anstiegszeiten bis herab zu 10ns zu erreichen.
Eine Vergrösserung der Anstiegszeit kann durch ein im Ausgangs-
kreis liegendes RC-Tiefpassglied erreicht werden, eine Veränderung
der Abfallzeit durch Umschalten der Ladekondensatoren.

Häufig lässt sich die einstellbare Gleichspannung statt von einer internen Referenzspannungsquelle umschaltbar auch von einer externen Referenzspannung ableiten. In diesen Referenzeingang kann nun statt einer konstanten Gleichspannung auch eine langsam ansteigende Gleichspannung (Sägezahn) aus einem Integrator eingespeist werden (engl. "Sliding Pulser"). Damit kann ein vorwählbarer Amplitudenbereich automatisch durchfahren werden, und es kann so mit Hilfe eines Vielkanal-Analysators die differentielle Linearität von Verstärkern und ADC's gemessen werden (Abb.8.4.).

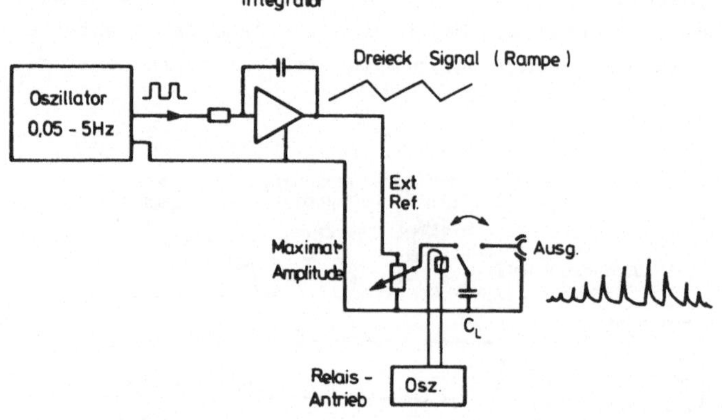

Abb.8.4.: Impulsgenerator mit sägezahnförmig gewobbelter Amplitude (Sliding Pulser)

Durch den elektro-mechanischen Relais-Antrieb lassen sich mit solchen Impulsgeneratoren Zählraten von maximal 100 Hz erreichen, was zwar für Energie-Messungen ausreichend ist, für die Beurteilung von Zählraten-Effekten aber häufig nicht genügt. Bei elektronischen Test-Impulsgeneratoren wird daher das mechanische Umschaltrelais durch einen elektronischen Parallel-Schalter (bipolarer Transistor oder FET) ersetzt (Abb.8.5.). Hiermit sind Frequenzen bis in den MHz-Bereich erreichbar, und es lassen sich so auch Doppelimpulsgeneratoren für Zeitauflösungsmessungen an Diskriminatoren und Zählern realisieren. Die Amplituden-Genauig-

keit und Stabilität von solchen Geräten ist aber häufig um eine
oder mehrere Zehnerpotenzen schlechter als die von Relais-Geräten.

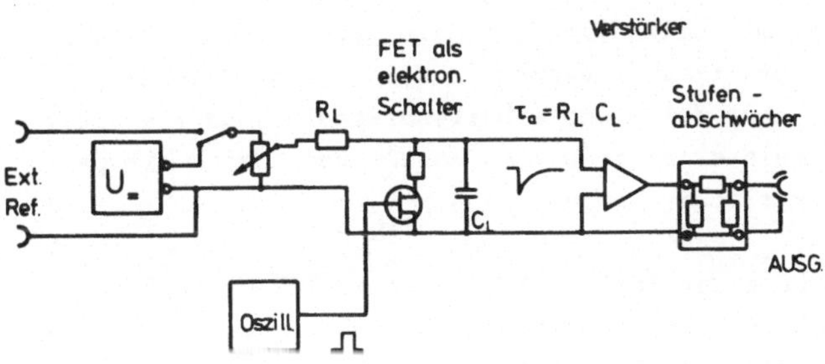

Abb.8.5.: Elektronischer Test-Impulsgenerator

Zur Untersuchung des Verhaltens von Schaltungen auf statistisch
eintreffende Ereignisse kann ein solcher elektronischer Impulsgenerator statt mit einem Oszillator konstanter Frequenz auch
mit Impulsen angesteuert werden, die zeitlich statistisch ver-
teilt sind ("Noise Pulser"). Der hierfür benötigte "Rauschgene-
rator" besteht meistens aus einem Bauelement mit hoher Amplituden-
Rauschspannung (z.B. Zener-Diode), einem nachfolgenden Wechsel-
spannungsverstärker und einem Amplituden-Diskriminator. Am Ausgang erscheinen dann Impulse konstanter (einstellbarer) Amplitude mit statistischer zeitlicher Verteilung (Phasenrauschen).
Der minimale Impulsabstand wird über die Bandbreite des Rausch-
Verstärkers eingestellt.

8.2. Zeit-Kalibrator

Ein Nuklear-Elektronik-Aufbau zur Messung von Zeitdifferenzen
mit einem Zeit-Amplituden-Konverter (TAC) muss üblicherweise
kalibriert werden, um die Linearität und Genauigkeit des TAC
zu überprüfen und um die Zeitverzögerungen der vorgeschalteten
Geräte (Verstärker, Diskriminatoren) zu berücksichtigen. Im ein-

fachsten Fall wird dies in der Art bewerkstelligt, dass die
Impulse eines Impulsgenerators über einen Teiler in den Start-
und in den Stop-Kanal eingespeist werden, wobei der Stop-Kanal
über Koaxialkabel bestimmter Länge (bei längeren Zeiten über
Monovibratoren mit bekannter Verzögerungszeit) schrittweise
gegenüber dem Start-Kanal verzögert wird. Diese Methode ist
zwar einfach, aber zeit- und arbeitsaufwendig, und sie setzt
das Vorhandensein einer grösseren Anzahl von Kabeln mit genau
bekannter elektrischer Länge voraus.

Zur Vereinfachung der Zeit-Kalibrierung in TAC-Messaufbauten
werden daher häufig Zeit-Kalibratoren benutzt, bei denen die
Differenz zwischen Start- und Stop-Impulsen aus einem hochsta-
bilen und genauen Quarzoszillator abgeleitet wird. Innerhalb eines
vorwählbaren Bereiches wird dabei automatisch eine bestimmte
Anzahl von Zeitverzögerungs-Schritten erzeugt. Wie bei dem in
8.1. beschriebenen Impulsgenerator mit statistischer Impulsfolge
sollen auch hier die Impulse und Verzögerungszeiten nicht streng
periodisch, sondern statistisch aufeinanderfolgen.

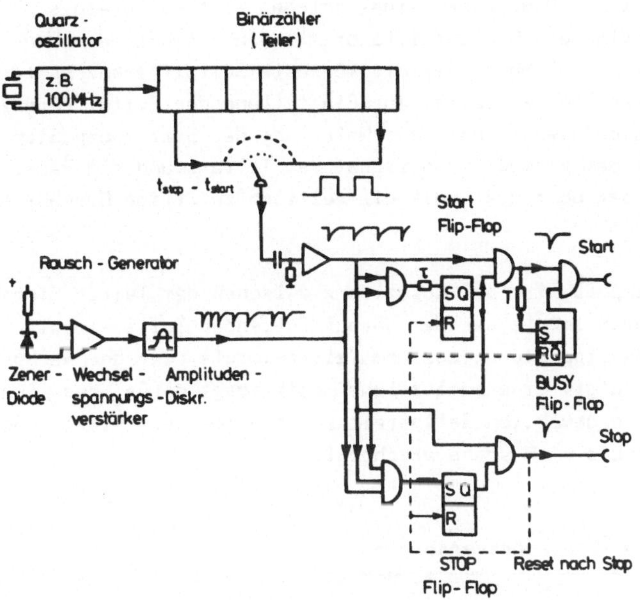

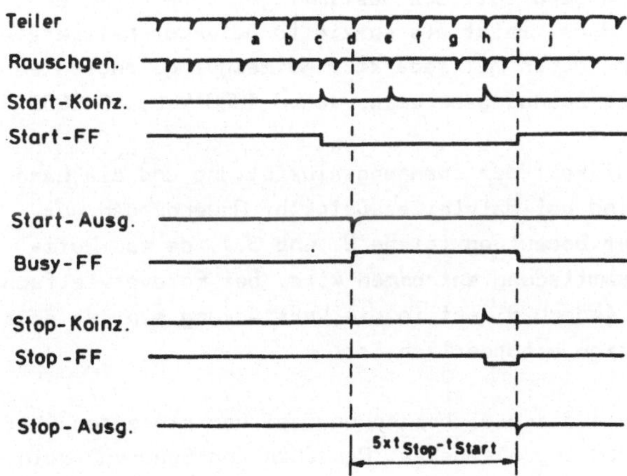

Abb.8.6.: Zeit-Kalibrator

Die wesentlichen Baugruppen eines solchen Zeit-Kalibrators
(Abb.8.6.) sind ein Quarzoszillator mit einer genügend hohen
Frequenz (z.B. 100 MHz), die die kürzeste Zeitdifferenz bestimmt,
ein digitaler Frequenzteiler zur Einstellung der Zeitdifferenz,
eine digitale Auswahl-Logik zur Ableitung der Start- und Stop-
Impulse aus dem periodischen Signal des Teilers und ein Rausch-
generator, der über die Logik die zeitlich zufällige Auswahl ermöglicht.

Der Start-Impuls wird bei Koinzidenz zwischen dem Teiler-Signal
und dem Rausch-Impuls aus dem darauf folgenden Teiler-Impuls
erzeugt, das Stop-Signal aus dem Teiler-Impuls, der der nächsten
Koinzidenz folgt. Eine zusätzliche Logik sorgt dafür, dass innerhalb eines vorgewählten Zeitbereichs nur einmal ein Start- und
ein Stop-Impuls am Ausgang erscheint.

8.3. Detektor-Spannungsversorgung

Für die Versorgung von Kernstrahlungs-Detektoren werden Hoch-
spannungsnetzgeräte benötigt, die bestimmte Anforderungen er-
füllen müssen und daher meist als spezielle Detektor-Netzgeräte
(häufig in NIM-Einschüben mit separatem Netzeingang) angeboten
werden. Üblich sind Spannungsbereiche von 0-1000 V bis 0-5000 V.

Die absolute Genauigkeit der Spannungseinstellung und die Lang-
zeit-Stabilität sind bei Halbleiter-Detektor-Anwendungen nur
von untergeordneter Bedeutung (siehe 2. und 3.), da das Nutzsignal aus der Gesamtladung entnommen wird. Bei Fotovervielfachern
gehen diese Werte jedoch direkt in die Verstärkung ein, so dass
hier grosse Präzision erforderlich ist.

In allen Fällen muss die Gleichspannung frei von störenden über-
lagerten Wechselspannungen (insbes. Rauschen und Brummen) sein,
da die Detektor-Vorverstärker, über die die Spannung meist zugeführt wird, u.a. auch aus Platzgründen keine Wechselspannungs-
Entkopplung im gesamten interessierenden Frequenzbereich besitzen.

Im schlimmsten Fall erscheint dann das Störsignal als Überlagerung
des Nutzsignals am Verstärkerausgang und kann die Energieauflösung stark beeinträchtigen. Typische Werte für tolerierbare
Störspannungen liegen im Bereich 2-10 mV für Brummen und Rauschen.

An Halbleiter-Detektoren mit angeschlossenen Vorverstärkern darf
die Vorspannung nicht sprunghaft angelegt werden, da die Eingangs-
Transistoren (FETs) durch Impulse derartiger Höhe zerstört oder
in ihrer Rauscharmut beeinträchtigt werden können. Es ist deshalb eine kontinuierliche Spannungseinstellung von Null bis zum
gewünschten Wert oder ein RC-Tiefpassfilter mit einer Zeitkonstanten von mehreren 10 Sekunden im Ausgang erforderlich. In
modernen Halbleiterdetektor-Netzgeräten sind meist beide Mass-
nahmen anzutreffen.

Netzgeräte für Fotovervielfacher müssen für den Querstrom von
Spannungsteilern Ströme in der Grössenordnung von 10mA abgeben
können und in diesem Strombereich einen niedrigen Innenwiderstand
haben, oberhalb dieser Grenze aber Kurzschlussfest sein. Versor-
gungen für Halbleiter-Detektoren werden dagegen häufiger für
hohe Ausgangswiderstände ausgelegt (Längswiderstand im Ausgang),
um im Falle eines Detektor-Durchbruchs Schäden durch zu hohe
Ströme zu vermeiden. Beim Arbeiten mit Halbleiter-Detektoren
ist eine Stromanzeige auch für sehr kleine Stromwerte wichtig,
um bei Detektor-Leckströmen die Spannungsabfälle an den Vor-
widerständen und damit die wahre Detektor-Vorspannung ermitteln
zu können. Ausserdem kann so das einwandfreie Arbeiten der
Detektoren (Kühlung, Durchbruch, Strahlenschäden) überwacht
werden.

8.4. Oberrahmen für Nuklear-Elektronik-Einschübe

Wie bereits in der Einleitung erwähnt, wird ein Grossteil der
heute verfügbaren Nuklear-Elektronik in Form von Teil-Einschüben
(Kassetten) hergestellt, die von einem Einschubrahmen (Oberrahmen)
in 19-Zoll-Technik aufgenommen werden. Die Teileinschübe besitzen
keine eigenen Netzgeräte und werden vom Oberrahmen mit genormten

Spannungen über genormte Steckverbindungen versorgt. In verschiedenen Ausführungsformen werden über diese Steckverbindungen auch digitale Daten-, Adress- und Steuerleitungen zu den einzelnen Modulen geführt.

Von den verschiedenen Systemen der Anfangszeit der modularen Nuklear-Elektronik haben sich zwei Systeme durchgesetzt, das AEC-NIM-System für alle analogen und einfachere Digital-Module sowie das CAMAC-System (Siehe 10.) für komplexere Digital-Module mit Rechner-Kopplung. Beide Systeme benutzen das gleiche mechanische Grundgerüst, bestehend aus einem 19-Zoll-Oberrahmen mit einer (Innen-)Breite von 413mm, einer Höhe von 221,5mm (=5 Höhen-Einheiten im 19-Zoll-System) und einer Einschub-Tiefe von 270mm (Abb.8.7.).

Beim NIM-System wird die zur Verfügung stehende Breite in 12 x 1/12 eingeteilt, beim CAMAC-System in 25 x 1/25, wobei die Kassettenbreite vom kleinsten Wert bis zu 6/12 (NIM) bzw. 6/25 (CAMAC) betragen kann. Die Strom- (und teilweise Steuer- und Datenleitungs-) Zuführung geschieht bei NIM-Einschüben über eine 36-polige (+6xKoaxial) Spezial-Steckverbindung (Abb.8.8.), in der nur die benötigten Stifte/Buchsen bestückt sind, beim CAMAC-System über einen 86-poligen zweiseitigen Platinen-Direkt-Steckverbinder (Abb.8.9.). NIM-Einschübe lassen sich über Adapter auch in CAMAC-Oberrahmen verwenden.

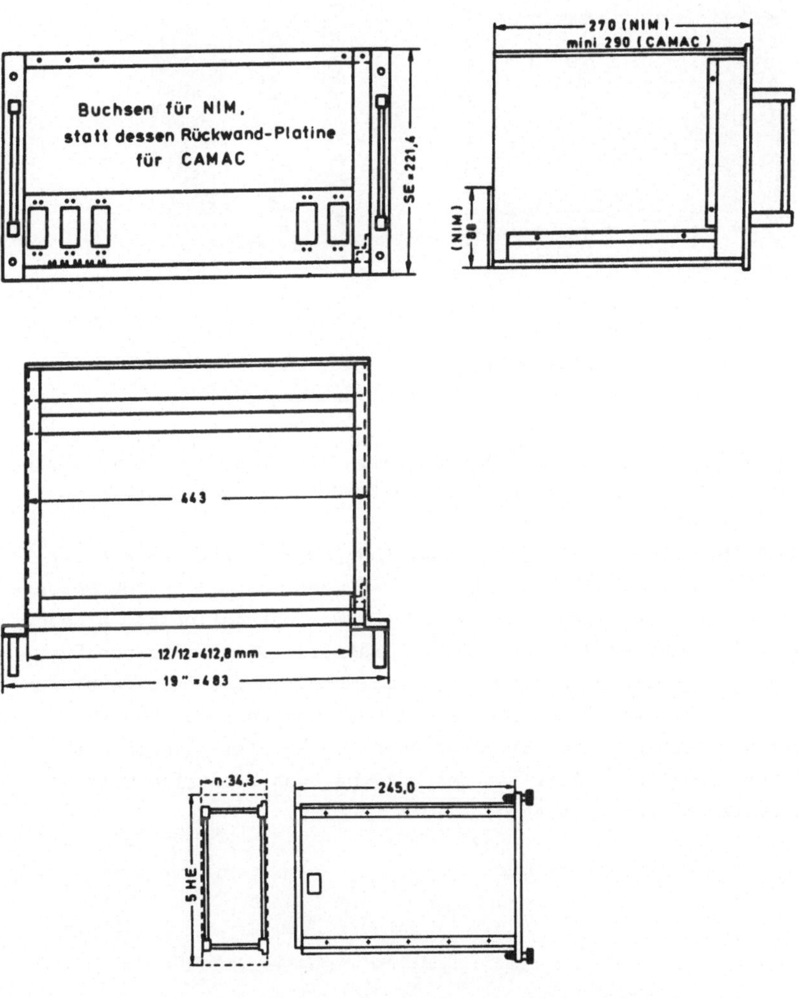

Abb.8.7.a): Mechanik des AEC-NIM- und des CAMAC-Teil-Ein-
schub-Systems, Oberrahmen und NIM-Einschub

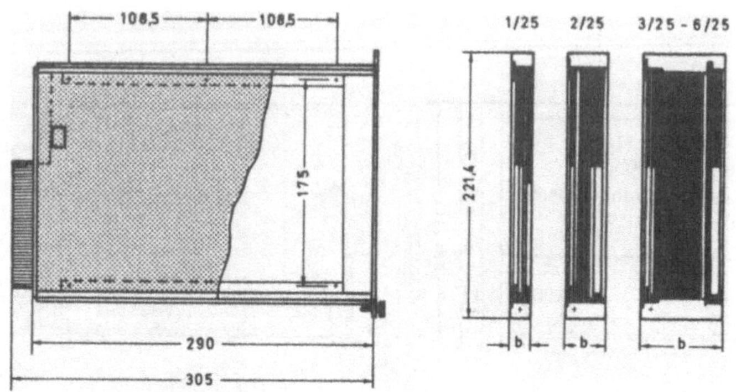

Abb.8.7.b): CAMAC-Einschub

Standardmässig besitzen NIM-Oberrahmen ein Netzgerät für +24V/1A,
-24V/1A, +12V/2A, -12V/2A. Erweiterte Ausführungen liefern zusätzlich +6V und -6V mit Belastbarkeiten von 5-10A.
CAMAC-Oberrahmen besitzen Hochleistungs-Netzgeräte für die Versorgung von Digitalschaltungen für +6V und -6V mit 25-40A Belast-
barkeit und +24V/-24V mit typ. 5A für Analogschaltungen, daneben
teilweise noch +/-12V und +200V. Zusätzlich wird in beiden Systemen eine Netzspannung von 117V (US-Norm) an die Steckverbindungen herangeführt. CAMAC-Oberrahmen besitzen wegen der hohen
Leistungsdichte in den Einschüben und im Netzteil eingebaute
Lüfter, für NIM-Systeme ist der Unterbau von separaten Lüftern
in vielen Fällen angebracht.

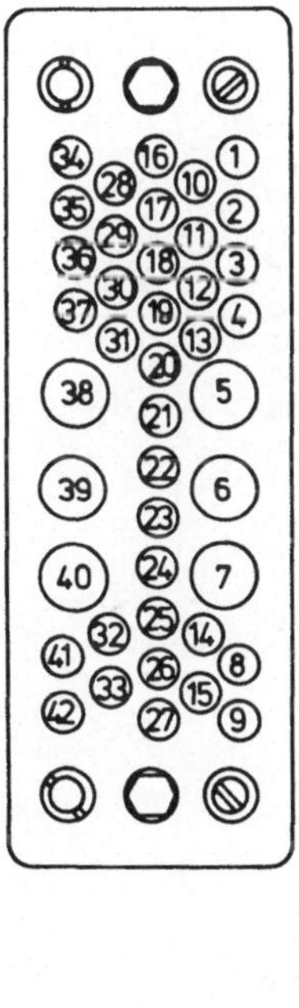

Stift		Stift	
(1	+3V)	23	
(2	-3V)	24	
3		25	
4		26	
(5	Koax)	27	
(6	Koax)	28	+24 V
(7	Koax)	29	- 24 V
(8	+200 V=)	30	
9		31	
10	+ 6V	32	
11	- 6V	33	115 V~(P)
12		34	0V (=)
13		(35	Reset / Zähler)
14		(36	Gate)
15		(37	Reset / Hilfsltg.)
16	+12 V	(38	Koax)
17	-12 V	(39	Koax)
18		(40	Koax)
19		41	115 V~(N)
20		42	Masse
21			
22			

Abb.8.8.: Steckerbelegung für NIM-Einschübe

NORMALE STATION				STEUER-STATION			
Kontakt-Nr.				Kontakt-Nr.			
P1	1	1R	B	P1	1	1R	B
P2	2	2R	F16	P2	2	2R	F16
P3	3	3R	F8	P3	3	3R	F8
P4	4	4R	F4	P4	4	4R	F4
P5	5	5R	F2	P5	5	5R	F2
X	6	6R	F1	X	6	6R	F1
I	7	7R	A8	I	7	7R	A8
C	8	8R	A4	C	8	8R	A4
N	9	9R	A2	P6	9	9R	A2
L	10	10R	A1	P7	10	10R	A1
S1	11	11R	Z	S1	11	11R	Z
S2	12	12R	Q	S2	12	12R	Q
W24	13	13R	W23	L24	13	13R	N24
W22	14	14R	W21	L23	14	14R	N23
W20	15	15R	W19	L22	15	15R	N22
W18	16	16R	W17	L21	16	16R	N21
W16	17	17R	W15	L20	17	17R	N20
W14	18	18R	W13	L19	18	18R	N19
W12	19	19R	W11	L18	19	19R	N18
W10	20	20R	W9	L17	20	20R	N17
W8	21	21R	W7	L16	21	21R	N16
W6	22	22R	W5	L15	22	22R	N15
W4	23	23R	W3	L14	23	23R	N14
W2	24	24R	W1	L13	24	24R	N13
R24	25	25R	R23	L12	25	25R	N12
R22	26	26R	R21	L11	26	26R	N11
R20	27	27R	R19	L10	27	27R	N10
R18	28	28R	R17	L9	28	28R	N9
R16	29	29R	R15	L8	29	29R	N8
R14	30	30R	R13	L7	30	30R	N7
R12	31	31R	R11	L6	31	31R	N6
R10	32	32R	R9	L5	32	32R	N5
R8	33	33R	R7	L4	33	33R	N4
R6	34	34R	R5	L3	34	34R	N3
R4	35	35R	R3	L2	35	35R	N2
R2	36	36R	R1	L1	36	36R	N1
(-12V)	37	37R	-24V	(-12V)	37	37R	-24V
(+200V)	38	38R	-6V	(+200V)	38	38R	-6V
(117Vac)	39	39R	(117Vac,n)	(117Vac)	39	39R	(117Vac,n)
Y1	40	40R	E	Y1	40	40R	E
(+12V)	41	41R	+24V	(+12V)	41	41R	+24V
Y2	42	42R	+6V	Y2	42	42R	+6V
0V	43	43R	0V	0V	43	43R	0V

Abb.8.9.: Steckerbelegung für CAMAC-Einschübe

9. Digitale Elektronik

9.1. Zähler

Die grundlegende Auswertung der meisten kernphysikalischen Messungen besteht darin, Ereignisse zu zählen, die bestimmten Kriterien wie Impulshöhe, Impulsform, zeitliche Koinzidenz genügen.
Daher ist der Zähler eines der wichtigsten Geräte in der nuklearen
Elektronik, sei es, dass er als eigenständiges Gerät wie in diesem
Abschnitt vorliegt, sei es, dass er durch ein Computer-Programm
in einem Vielkanal-Analysator realisiert wird.

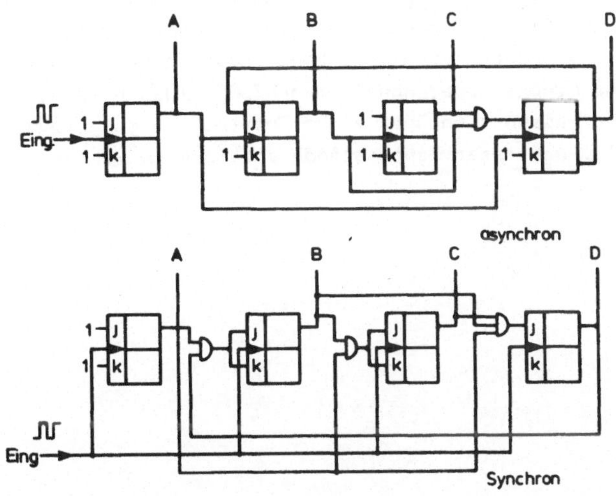

Abb.9.1.: BCD-Zähler in asynchroner und synchroner
         Betriebsart

Eigenständige Zähler-Module (engl. Scaler, Counter) bestehen aus
den in der Digitaltechnik üblichen Binärzählern /17/, die zur
dezimalen Darstellung und Anzeige durch entsprechende Beschaltung
(in der integrierten Schaltung) im BCD-Code arbeiten (Abb.9.1.).

Zähler für reine Rechnerauslese ohne eigene Anzeige (engl. Blind
Scaler) können dagegen aus Geschwindigkeits- oder Datenformat-
Gründen auch binär oder in anderen Codes (z.B. Gray-Code) arbei-
ten.

Bis zu einigen 10 MHz sind sie in TTL- bzw. CMOS-Technik und
meist asynchron aufgebaut, bei höheren Zählraten bis ca. 300 MHz
in ECL-Technik und häufig als Synchronzähler. Am Eingang besitzen
sie ein UND-Gatter, über welches manuell oder automatisch (GATE-
Eingang) der Zählvorgang gestartet und gestoppt wird. Der Impuls-
eingang ist in vielen Ausführungen mit einem Amplituden-Diskriminator versehen, um verzerrte Impulse (Oberschwinger) einwandfrei
verarbeiten zu können oder zur Not auch Analogsignale direkt ein-
speisen zu können. Ansonsten ist bei langsameren Zählern wahlweise ein Logik-Eingang für positive logische NIM-Signale oder
für schnelle negative NIM-Signale üblich, bei schnelleren Zählern
natürlich nur ein negativer NIM-Eingang. Das Rücksetzen des Zählers geschieht manuell oder über einen RESET-Eingang ferngesteuert.
Mehrere Zähler lassen sich über einen Oberlauf-Ausgang (OVERFLOW)
kaskadieren, um grösserer Zählerstände anzeigen zu können.

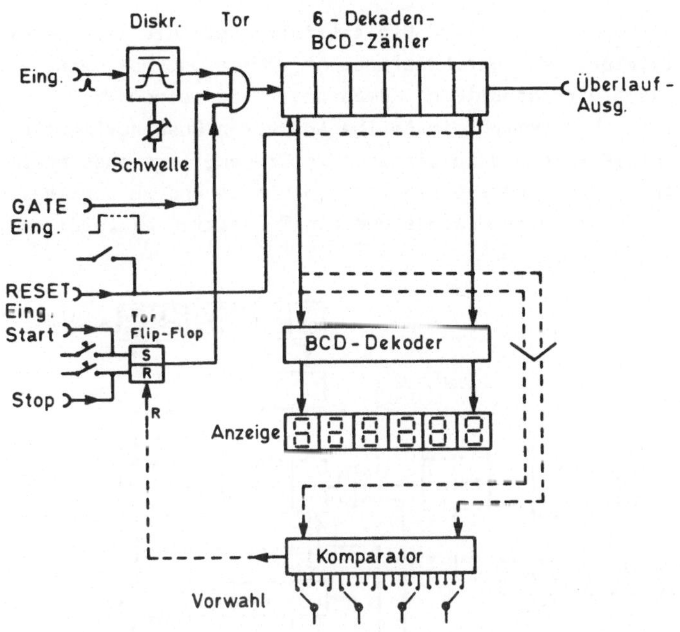

Abb.9.2.: Blockschaltbild eines Nuklear-Elektronik-
Zählers

Die Zählstand-Anzeige geschieht entweder über Decoder und Ziffern-
Anzeigen am Gerät oder über eine der nachfolgend beschriebenen
Auslese-Einheiten in ein Peripheriegerät oder einen Rechner.
In Vorwahl-Zählern (engl. Preset Counter) lässt sich ein Zählerstand voreinstellen, bei dessen Erreichen ein Ausgangssignal
abgegeben und wahlweise der Zähler gesperrt oder auf Null zurückgesetzt wird.

9.2. Zeitgeber (Timer)

Zeitgeber (engl. Timer) sind Digitalzähler, die die Impulse eines
Quarzoszillators oder der Netzfrequenz zählen und über eine
digitale Vergleichsschaltung (Komparator) oder einen Vor-
wahlzähler zu bestimmten einstellbaren Zeiten Ausgangsimpulse
abgeben. Diese können dazu dienen, die Eingangstore anderer Impulszähler einmalig oder periodisch zu öffnen und zu schliessen
und anschliessend eine Auslese und ein Rücksetzen einzuleiten

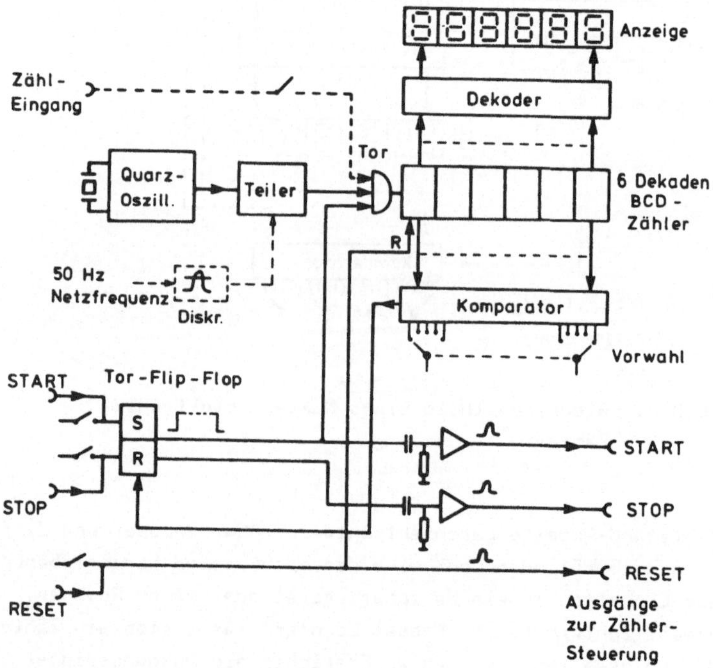

Abb.9.3.: Zeitgeber (Timer)

(Abb.9.3.). Die Zeit- und Steuersignale können über einzelne
Koaxial-Buchsen mit NIM-Pegeln entnommen werden. Meist werden

jedoch Zeitgeber und Zähler in Zählersystemen über Vielfachkabel miteinander verbunden, die neben dieser Steuerung auch zur Auslese dienen. Ein Zeitgeber (MASTER) übernimmt dann die gesamte Steuerung eines Systems von Zählern (SLAVE).

In CAMAC-Systemen werden diese Funktionen teilweise vom gemeinsamen Daten-, Adress- und Steuer-BUS übernommen.

Zeitgeber lassen sich häufig auch auf die Betriebsart als normaler Impuls- (Vorwahl-) Zähler umschalten (sog. Counter-Timer), es werden auch Einschübe angeboten, die einen Zeitgeber und einen oder mehrere Zähler in einem Gerät vereinen.

9.3. Zähler-Zeitgeber-Auslese

Die automatische Auslese von Zählerständen in grösseren Zählersystemen in Registriergeräte wie Drucker, Lochstreifenstanzer, Fernschreiber oder Magnetbandgeräte war auch in der Vor-Computer-Zeit schon zwingend notwendig. Deshalb wurden schon relativ früh einfache Auslesemethoden entworfen, die ohne komplizierte Steuereinheit (Rechner) auskommen, dafür aber auch keine Adressierbarkeit und keinen wahlfreien Zugriff gestatten. Um die Anzahl der Verbindungsleitungen auf einem vertretbaren Mass zu halten, kommen hierfür parallele Leitungen von jedem Zähler zur Ausleseeinheit von vornherein kaum in Frage. Die Systeme der meisten Hersteller arbeiten vielmehr mit einem Bus-System /17/, auf dem die einzelnen Ziffern der Zähler im BCD-Code bit-parallel, aber zeichen- oder byte-seriell übertragen werden (Abb.9.4.).

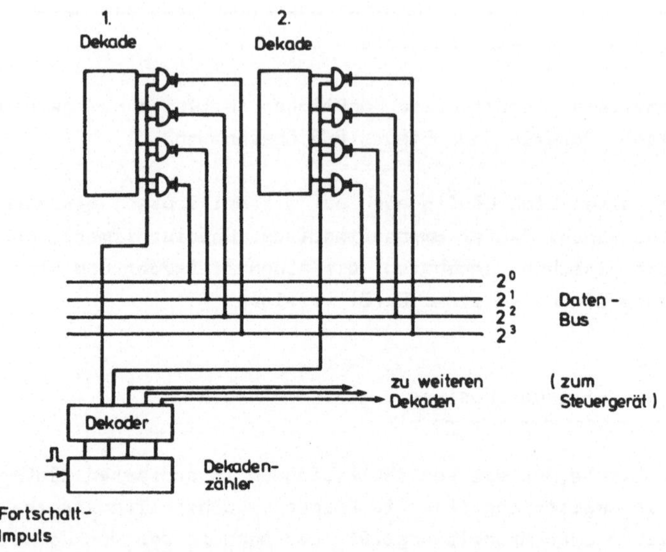

Abb.9.4.: Bit-paralleler, byte-serieller Bus
zur BCD-Zähler-Auslese

Die vier Ausgänge der einzelnen BCD-Zähler liegen dabei über
Gatter mit offenen Collectoren (Wired-OR) oder über Tri-State-
Gatter /17/ an einem vier Bit breiten Daten-Bus, wobei die Gatter
jeweils eines Bytes nacheinander über den Zähler einer Steuer-
logik (Scanner) eingeschaltet werden. Diese Multiplex-Auslese
wird u.a. auch innerhalb eines Zählers dazu benutzt, um verschiedenen Dezimalstellen eines Zählers zur Anzeigeeinheit zu
übertragen.

Während der Auslese auf ein externes Gerät werden die Fortschalt-
Impulse für den Stellenzähler der Auswahllogik vom steuernden
Gerät (Scanner) extern eingegeben. Damit alle angeschlossenen
Geräte in einer sinnvollen Reihenfolge nacheinander bedient
werden (es gibt ja keine Adressen), muss jeder Zähler dem nach-

folgenden mitteilen, wann er ausgelesen ist, und das letzte Gerät
muss der Steuereinheit das Ende des gesamten Auslesevorgangs
signalisieren. Dazu wird in einer Ausführungsform die Bus-Leitung
für das Fortschalt-Signal (PRINT-ADVANCE) in jedem Gerät aufge-
brochen, so dass jedes Gerät einen Fortschalt-Impuls-Eingang
und einen Ausgang erhält. Der Ausgang des letzten Gerätes muss
wieder zum Steuergerät zurückgeführt werden, der Bus erhält
Ringform (sog. 'DAISY CHAIN'-Anordnung)(Abb.9.5.).

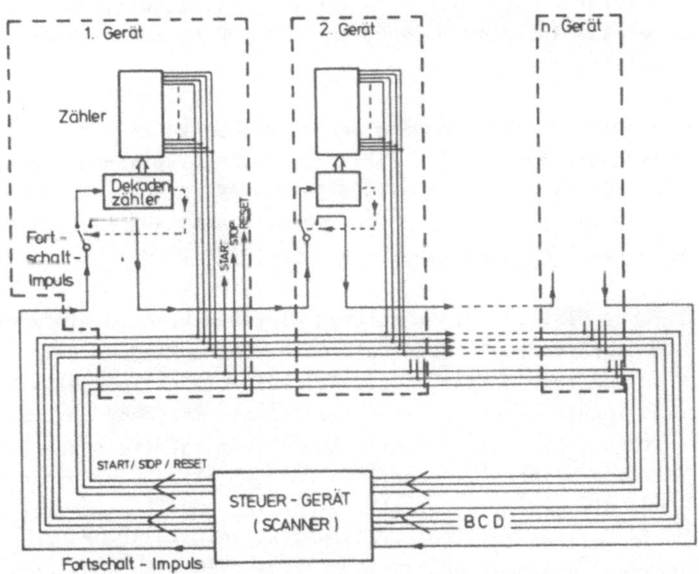

Abb.9.5.: Zähler-Auslese-Bus in DAISY-CHAIN-Anordnung

Das erste auszulesende Gerät erhält vom auslesenden Gerät (Scanner)
6 Fortschalt-Impulse für einen 6-Dekaden-Zähler. Während jedes
Impulses liegt der BCD-Zählerstand der zugehörigen Dekade auf
dem 4-Bit-BCD-Bus und kann vom lesenden Gerät aufgenommen werden.
Ist das erste Gerät ausgelesen, so werden die weiteren Impulse
durch dieses Gerät durchgeschleift und erscheinen am Fortschalt-

Ausgang. Damit stehen sie zur Auslese des zweiten Gerätes zur
Verfügung. Wenn das letzte Gerät des Ringes ausgelesen ist, so
gelangen dessen Fortschalt-Impulse wieder zum Steuergerät und
signalisieren dort das Ende des Auslese-Zyklus.

Andere Firmen benutzen zur Synchronisierung im Ring nicht die
Leitung für die Fortschalt-Impulse selbst, sondern eine zusätzliche Leitung, die während der gesamten Auslesezeit eines Gerätes
vom vorhergehenden aktiviert wird und nach der Auslese das
nächste aktiviert. Auch hier wird die Einhaltung der
Reihenfolge mit minimalem Aufwand durch das Aufbrechen einer
Leitung realisiert.

Naturgemäss wird der Zählvorgang der angeschlossenen Zähler während
der Auslese unterbrochen. Ist dies unerwünscht, so können zwischen
Zähler und Ausleseschleife digitale Datenpuffer (Speicher-Flip-
Flops) geschaltet werden, die einen Zählerstand innerhalb einiger
10 ns übernehmen und dann langsamer ausgelesen werden können.

Das auslesende Gerät in einem solchen Ring-Bus kann in einfachen
Fällen ein Streifendrucker oder ein Lochstreifenstanzer sein.
Vielfach werden aber Geräte eingesetzt, die dieses spezielle
Datenformat in ein genormtes serieles Format umsetzen, um z.B.
eine Fernschreibmaschine über eine 20mA-Stromschleife anzuschlie-
ssen ('Teletype-Scanner'), oder eine Daten-Station oder einen
Rechner über die genormte serielle V-24- (RS-232-)Schnittstelle.
Auch sind in letzter Zeit Ausleseeinheiten (Scanner) auf den
Markt gekommen, die über den IEC-625- (bzw. IEEE-488-)Bus eine
schnellere und intelligentere Rechner-Verbindung gestatten (siehe
Kapitel 10).

Ist ein Zähler-Auslese-System dieser Art erst einmal vorhanden,
so kann es gleichzeitig dazu benutzt werden, ausser den Zählerständen noch Hilfsdaten wie Uhrzeit, per Hand über Ziffernschalter
eingegebene Kennzahlen und Wörter sowie die digitalen Anzeige-
werte von Messgeräten (z.B. Digitalvoltmeter) zu registrieren.
Allerdings dürfte recht bald eine Komplexität des Systems erreicht
sein, die mit direkter Rechnersteuerung (siehe 10.) besser zu
beherrschen ist.

9.4. Ratenmeter

Ratenmeter (engl. Ratemeter) dienen zur Anzeige von mittleren
Zählraten in nuklearen Messkanälen und dienen weniger zur Auswertung von Messungen als für Überwachungsfunktionen, u.a. auch
in der Strahlenschutz-Messtechnik. Bei analog arbeitenden Geräten wird der zur Anzeige benötigte zählratenproportionale Strom
durch Mittelwertbildung von Impulsen konstanter Höhe und Breite
gewonnen (Abb.9.6.).

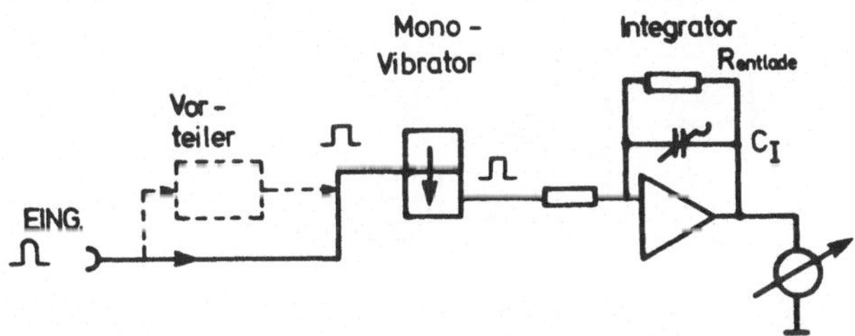

Abb.9.6.: Analoges Ratenmeter

Die Eingangsimpulse triggern einen Monovibrator, der Impulse konstanter Breite erzeugt. Diese werden einem Integrator zugeführt,
der über eine zur Zählrate passenden Zeitkonstante und einen Ent-
ladewiderstand verfügt, so dass bei konstanter Impulsrate das
Anzeigesignal konstant ist. Die Zeitkonstante des Integrators
bestimmt die Trägheit der Anzeige und die Güte der Mittelwert-
bildung, bei hohen Raten liegt sie typisch unter einer Sekunde.
Bei sehr niedrigen Raten ist ist hiermit eine ruhige Anzeige
aber nicht mehr möglich, so dass dann bei grösserer Trägheit
Zeitkonstanten von ca. 5s verwendet werden. Zur Anzeige von
hohen Zählraten kann es günstiger sein, statt der Umschaltung
von Kondensatoren und Widerständen die Eingangsimpulsrate durch
einen vorschaltbaren Digitalzähler zu teilen. Durch Nachschaltung
eines logarithmischen Verstärkers hinter dem Integrator ist auch
eine logarithmische Ratenanzeige über einige Zehnerpotenzen

möglich.

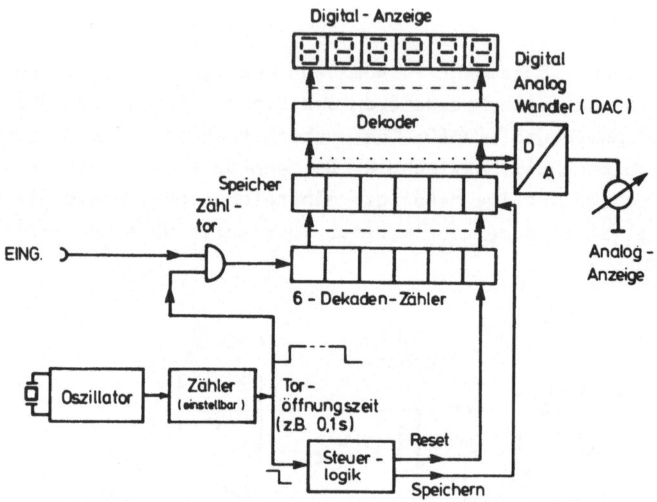

Abb.9.7.: Digitales Ratenmeter

Rein digitale Ratenmeter arbeiten wie ein Zähler-Zeitgeber-System
oder ein Digital-Frequenzmesser (siehe 9.2.)(Abb.9.7.).
Ein Impulszähler mit Anzeige wird über eine Torstufe periodisch
für feste Torzeiten gestartet, gestoppt und ausgelesen. Die
Anzeige erfolgt i.a. digital, jedoch ist für Übersichtsanwendun-
gen auch über einen Digital-Analog-Wandler eine Analog-Anzeige
möglich. Die logarithmische Anzeige ist auf diese Art leichter
und über mehr Dekaden realisierbar. Der Vorteil der digitalen
Ratenmeter liegt in der problemlosen Verarbeitung grosser und
kleiner sowie stark schwankender Raten, wobei auch beim Über-
gang von grossen auf kleine Werte die Anzeige sich nicht wie
beim Analoggerät asymptotisch auf den neuen Wert einstellt, sondern wegen der fehlenden Zeitkonstanten sofort folgt. Ausserdem
sind Zählraten-Unterschiede durch Digital-Offset und Zählraten-
differenzen durch Vorwärts-Rückwärts-Zähler oder digitale Diffe-
renzbildung von Zählerständen gut anzuzeigen.

10. Nukleare Datenverarbeitung

10.1. Analog-Digital-Konverter (ADC)

10.1.1. Prinzip des Analog-Digital-Konverters

Die Auswertung der Analogsignale bei kernphysikalischen Messungen
geschieht in den meisten Fällen in der Weise, dass die Zählrate
von Ereignissen gegen deren Amplitude in Form von Impulshöhen-
Spektren dargestellt wird (Abb.10.1.). Durch entsprechende Kalibrierung der Impulshöhen-Achse lassen sich diese in Energiespektren umrechnen.

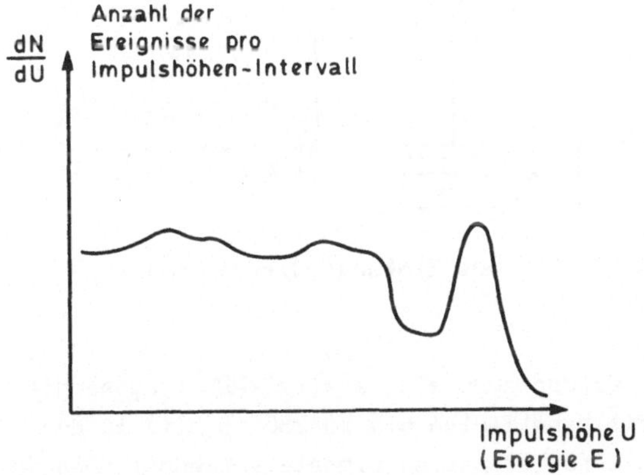

Abb.10.1.: Impulshöhen-Spektrum

Im Prinzip lässt sich ein solches Impulshöhen-Spektrum in dif-
ferentieller Form mit einem Einkanal-Diskriminator (Differential-
Diskriminator) und in integraler Form mit einem einfachen (Inte-
gral-)Diskriminator und einem Zähler aufnehmen. Die Diskriminator-
Schwelle wird schrittweise erhöht, und für jedes Amplituden-Inter-
vall wird der Zähler für eine konstante Zeit eingeschaltet.

Das differentielle Spektrum lässt sich aus dem integralen durch
Differentiation nach der Impulshöhe gewinnen. Dieses Verfahren
ist jedoch sehr zeitaufwendig, da alle Spannungsintervalle nacheinander abgetastet werden müssen, und nutzt bei k Kanälen nur
den (1/k)-ten Teil der Impulse aus. Der nächste Schritt besteht
darin, eine grössere Anzahl von Einkanal-Diskriminatoren mit
aneinander anschliessenden Fenstern parallel mit dem Analogsignal
anzusteuern. Jedem EKD wird dann ein eigener Zähler zugeordnet.

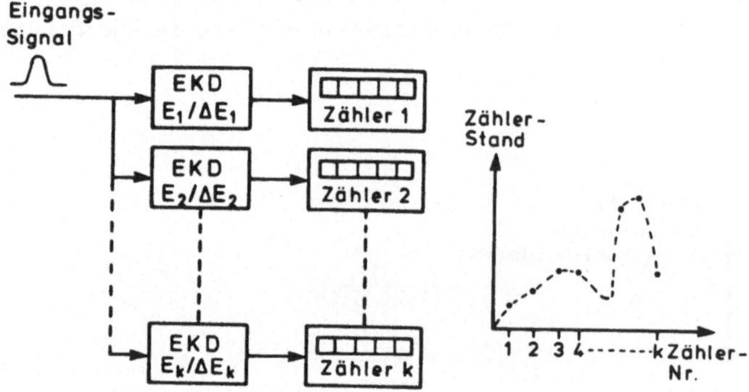

Abb.10.2.: Parallel-ADC aus Einkanal-Diskriminatoren

Solche Anordnungen werden auch als Parallel-ADC (sogenannte
Flash-Konverter) mit Kanalzahlen bis zu 256 (8 Bit) in der
Kurzzeit-Messtechnik für einmalige Signale verwendet (Abb.10.3.).

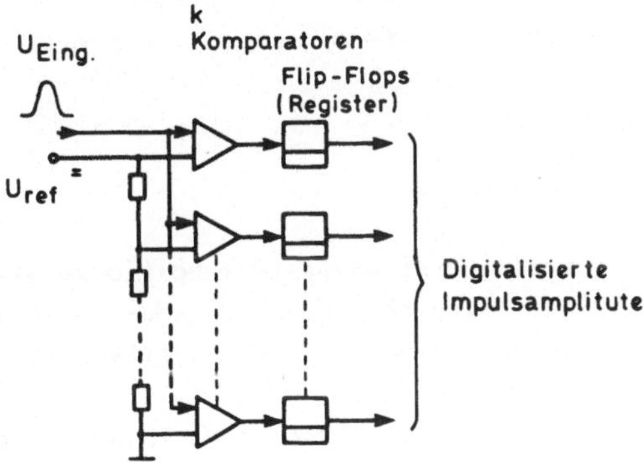

Abb.10.3.: Parallel-ADC (Flash-Konverter)

Die Messeingänge der (schnellen) Komparatoren liegen parallel
am Eingang, die Referenzeingänge an einem Präzisions-Spannungs-
teiler. Das Bitmuster an den Komparator-Ausgängen wird (evtl.
noch binär umcodiert) in einem Register gespeichert und kann
nach Abklingen des Eingangssignals von einer Digitalschaltung
(Rechner) ausgelesen werden.

Die Grenze der Parallel-ADC's liegt einmal in dem 2^n-fach stei-
genden Schaltungsaufwand bei erhöhter Bitzahl, andererseits aber
in der Genauigkeit und Stabilität des Referenz-Spannungsteilers
und der Komparator-Schaltschwellen. Für Auflösungen oberhalb
8 Bit muss daher auf ein anderes Verfahren übergegangen werden,
welches die separate Spannungsmessung für jeden Kanal vermeidet.
In der kernphysikalischen Messtechnik sind von den gängigen
Wandler-Verfahren zwei Typen gebräuchlich, der Sägezahn- oder
Wilkinson-ADC und der Stufenkomparator- oder Sukkzessiv-Approxi-
mations-ADC.

10.1.2. Kennwerte von ADC's, Linearität

Ein Analog-Digital-Konverter soll eine analoge Grösse (z.B.
Spannung U) in eine Binärzahl (bzw. Kanalnummer K) umwandeln.
Die Grösse

$$C = \frac{\Delta K}{\Delta U}$$

wird Konversionsfaktor oder Konversionsverstärkung (Conversion
Gain) genannt. Der Zahlenwert wird häufig auf die Maximal-Amplitude (z.B. 10V) bezogen und gibt dann die Gesamtauflösung an.

Der Konversionsfaktor soll bei kernphysikalischen Anwendungen
unabhängig von U sein, d.h. die Wandlung soll linear erfolgen
(in der allgemeinen Messtechnik gibt es natürlich auch ADC's,
bei denen diese Wandlerkurve logarithmisch oder anderweitig be-
wertet ist.). Abweichungen von dieser Linearität, häufig auch
ungenau "Linearität" genannt, werden durch zwei Grössen charak-
terisiert, die "integrale Linearität" (Abb.10.4.) und die
"differentielle Linearität" (Abb.10.5.).

Die integrale Linearität ist definiert als die maximale relative
Abweichung der Wandlerkurve innerhalb eines bestimmten Bereiches
(z.B. 10-90%) von einer Geraden:

$$L_i = MAX\left(\frac{\delta U}{U} \right)_{max}$$

Dieser Wert muss natürlich in einer sinnvollen Beziehung zur
Auflösung stehen. Für hochauflösende ADC's mit 8192 Kanälen
(13 Bit) sind integrale Linearitäten von einigen 10^{-4} anzustre-
ben und auch erreichbar.

Digitalisiertes
ADC-Ausgangswort

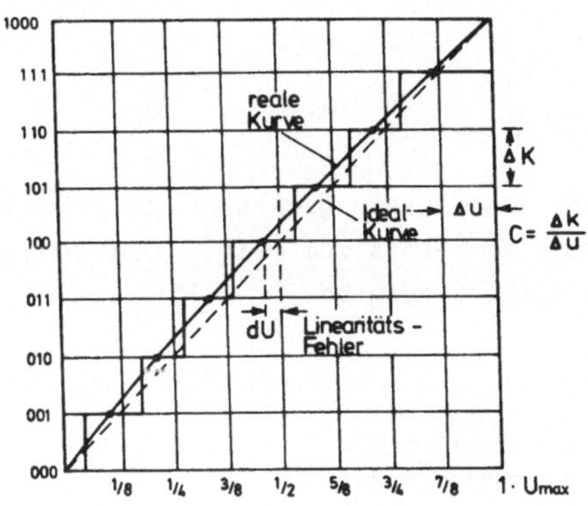

Abb.10.4.: Konversionsfaktor und integrale
Linearität von ADC's

Digitalisiertes
ADC-Ausgangswort

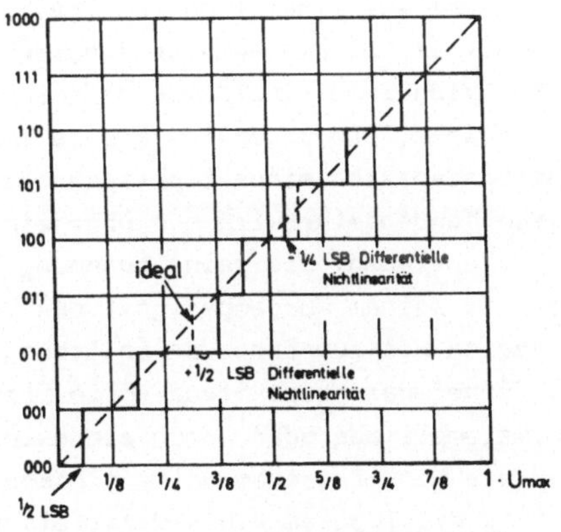

Abb.10.5.: Differentielle Linearität von ADC's

Während die integrale Linearität die Unvollkommenheit der Wandlerkurve makroskopisch beschreibt, gibt die differentielle Linearität L_d Aussagen über mikroskopische Abweichungen der Kurve vom
Idealwert im Bereich der feinsten digitalen Schritte. Der Wert

$$L_d = MAX(\frac{\Delta U_j}{\langle \Delta U \rangle})$$

gibt das Verhältnis des Quantisierungssprungs ΔU (Kanalbreite)
an der Kanalnummer j im Verhältnis zum mittleren Quantisierungs-
Sprung $\langle \Delta U \rangle$ an. Gute Werte liegen bei L_d < 1% .

10.1.4. Sägezahn- oder Wilkinson-ADC

Beim Sägezahn- oder Wilkinson-ADC wird der Digitalwert der Impulshöhe durch eine digitale Zeitmessung gewonnen (Abb.10.6.).
Gemessen wird die Zeit, nach der ein auf die Impuls-Spitzen-
amplitude aufgeladener Kondensator nach einer streng linearen
Entladung auf 0V entladen ist.

Die Eingangsschaltung besteht aus einem linearen Tor, welches
nach Eintreffen eines Impulses für die Verarbeitungszeit schliesst
und über eine externe Koinzidenz-/Antikoinzidenz-Bedingung zusätzlich gesteuert werden kann. Die zu ahalysierende Impulsamplitude wird im Speicherkondensator eines Impulsdehners (siehe
5.4.) gespeichert. Dieser Kondensator wird nun über eine Konstantstromquelle streng linear entladen, bis seine Spannung 0V erreicht
und ein Null-Komparator mit seinem Ausgangssignal den Vorgang
beendet. Die Zeit vom Beginn bis zum Ende der Entladung wird
digital gemessen. Dazu öffnet das Haupt-Steuer-Flip-Flop, welches
nach Erreichen der Maximalamplitude oder durch ein externes
Signal gesetzt wird und die Konstantstromquelle einschaltet,
ein Zähl-Tor, über welches die Impulse eines Oszillators in
einen Zähler gelangen. Nach Beendigung der Entladung wird das
Haupt-Steuer-Flip-Flop durch den Null-Komparator wieder zurückgesetzt, und es schliesst das Zähl-Tor. Der Zähler-Endstand ist
proportional zur Impulshöhe und wird als Binärzahl ausgegeben.

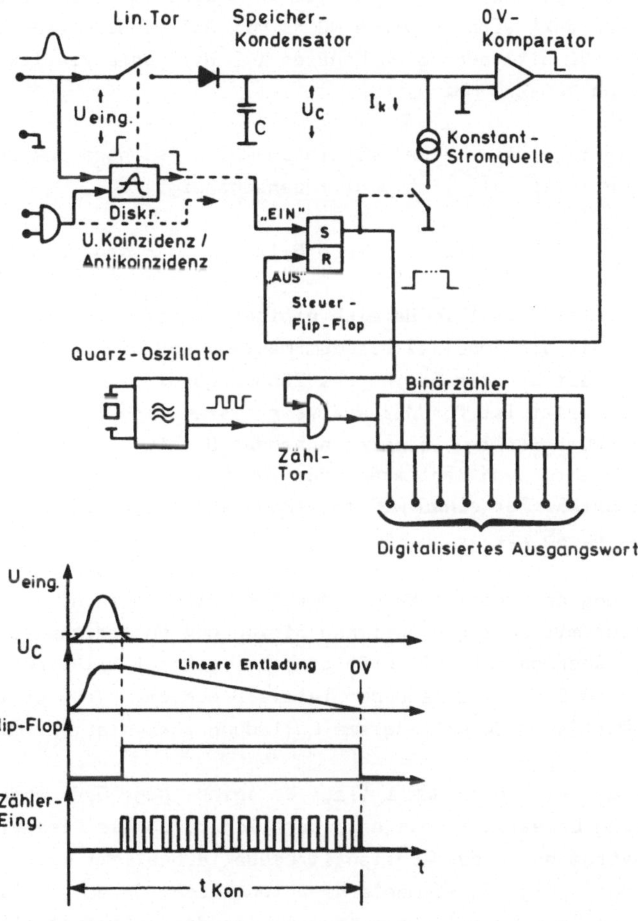

Abb. 10.6.: Sägezahn- oder Wilkinson-ADC

Um eine hohe Auflösung zu erreichen, muss die Entladezeit sehr
lang oder die Oszillator-Frequenz sehr hoch gewählt werden, wobei die erste Möglichkeit durch die zu verarbeitenden Zählraten
stark eingeschränkt wird. Moderne ADC's mit Auflösungen von
4096 Kanälen (12 Bit) oder 8192 Kanälen (13 Bit) benutzen Takt-
frequenzen von 100-250 MHz.

Die Konversionszeit t_{Kon} eines Wilkinson-ADC's ist nach dem beschriebenen Prinzip natürlich amplitudenabhängig:

$$t_{Kon} = t_0 + (1/f_{Takt}) \cdot 2^n \qquad (n = \text{Bitzahl}, \ 2^n = \text{Kanalzahl})$$

wobei t_0 eine feste Zeit im Bereich einiger µs ist, die durch
die Anstiegszeit des Impulses bis zum Maximum und die interne
Verarbeitungszeit bis zum Beginn des Zählvorgangs gegeben ist.
Die Konversionszeit ist für das Analysiersystem eine Totzeit,
sie ist bei ADC's als Impuls entsprechender Breite zu entnehmen
(z.B. zur Korrektur von Zählraten oder zum Sperren der vorgeschalteten Elektronik). Für einen ADC mit 4096 Kanälen beträgt sie
also maximal 40-45 µs.

Eine Verkürzung der Totzeit kann dadurch erreicht werden, dass
der Kondesator mit unterschiedlichen Steigungen entladen wird.
Die grobe Annäherung auf Null erfolgt dabei schnell mit einer
Auflösung von 6-8 Bit, während der letzte Bruchteil der Amplitude
mit voller Auflösung durch langsame Entladung analysiert wird.

Der Vorteil des Wilkinson-ADC's liegt in seiner gegenüber anderen
Typen besseren Linearität, die hauptsächlich durch die Linearität
des Entladevorgangs in der Konstantstromquelle bestimmt wird.
Dafür sind nur wenige Bauelemente verantwortlich, deren Einfluss
erstreckt sich jeweils auf viele Kanäle, was der differentiellen
Linearität, d.h. der Abweichung der Einzelkanäle von den restlichen, zu gute kommt. Dafür steigt die Konversionszeit mit höher
werdender binärer Auflösung n mit 2^n an.

10.1.4. Stufenkomparator-ADC (sukzessive Approximation)

Beim zweiten in der kernphysikalischen Messtechnik gebräuchlichen ADC-Prinzip wird die in einem Impulsdehner gespeicherte Maximal-Amplitude stufenweise mit einer grossen Anzahl von analogen Referenzspannungen verglichen (Abb.10.7.).

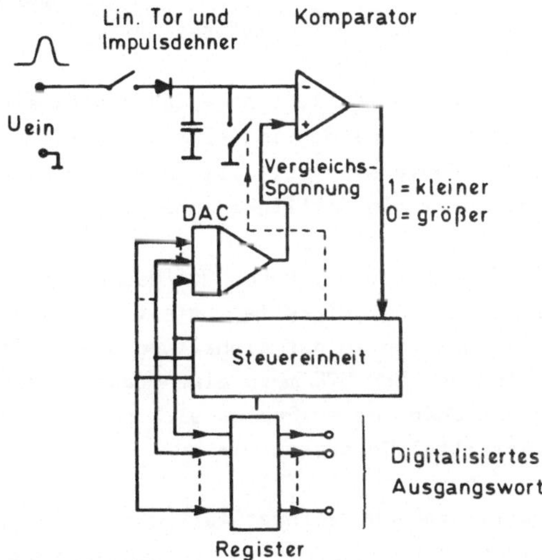

Abb.10.7.: Stufenkomparator-ADC

Diese Referenzspannungen werden mit einem Digital-Analog-Wandler (DAC) /17/ aus entsprechenden Binärzahlen erzeugt. Die Konvertierung wird damit begonnen, dass das höchstwertige Bit des DAC-Eingangs auf logisch 1 gesetzt wird. Ein Spannungskomparator stellt fest, ob der zugehörige Analogwert grösser oder kleiner als das Eingangssignal ist. Ist er kleiner, so wird das nächstniedrigere Bit auf 1 geschaltet, ist er grösser, so wird das höchste Bit wieder auf 0 zurück und das nächstniedrigere Bit auf 1 geschaltet. Dieser stufenweise Vergleichsvorgang, der wie

bei einer Waage mit zwei Schalen und Gewichtssteinen arbeitet
(daher auch "Wägeverfahren"),setzt sich zu immer niedrigeren
Bits des DAC fort, bis die Eingangsspannung mit der maximalen
Auflösung bestimmt ist.

Im Gegensatz zum Wilkinson-ADC, bei dem die Konversionszeit mit
2^n ansteigt, wird die Approximation mit einer Auflösung von n Bit
in n Schritten erreicht:

$$t_{Kon} = t_0 + n \cdot t_a \qquad (t_a = \text{Zeit für einen Approxi-}$$
$$\text{mationsschritt})$$

Für das obige Beispiel mit 4096 Kanälen (n = 12) ergibt sich
bei einer Umwandlungszeit von 1µs/Schritt eine Konversionszeit
von maximal 12 µs. Diese Konversionszeit ist in erster Näherung
im Mittel konstant, d. nur wenig amplitudenabhängig.

Der Stufenkomparator-ADC besitzt bei hohen Auflösungen (ab 4096
Kanäle) einen deutlichen Geschwindigkeits-Vorteil. Dem stehen
jedoch grössere Schwierigkeiten in der Einhaltung der differentiellen Linearität entgegen. Der DAC muss eine grosse Anzahl
von Analogspannungen erzeugen, deren Fehler sich nur auf einzelne
(häufig periodisch verteilte) Kanäle auswirken.

Um die Vorteile von Wilkinson-ADC (Linearität) und Stufenkomparator-ADC (Geschwindigkeit) zu kombinieren, werden auch Geräte
gebaut, die beide Prinzipien vereinen. Die Grobstufen werden
schnell mit stufenweisem Vergleich ermittelt, innerhalb des ver-
bleibenden Restbereiches findet eine Sägezahn-Wandlung statt.

10.1.5. Allgemeine Ausrüstung von ADC's

Um einen ADC an das jeweilige Messproblem anpassen zu können,
sind meist einige Hilfsschaltungen in das Gerät integriert.
I.a. lässt sich die Konversionsverstärkung (Conversion Gain)
zusätzlich zur Grobumschaltung in engeren Grenzen analog verstel-
len, und es lässt sich analog eine positive oder negative Spannung
(Bias) zu der Mess-Spannung addieren, wodurch die Funktion eines

Fenster-Verstärkers (Biased Amplifier, siehe 5.6.) nachgebildet
werden kann. Häufig liegt parallel zum Eingang ein Einkanal-
Diskriminator, der es ermöglicht, die Konversion nur innerhalb
eines Amplitudenfensters freizugeben. Dadurch kann die Totzeit
des ADC, z.B. verursacht durch Rausch- und Störimpulse kleiner
Amplitude oder durch unerwünschte Signale hoher Zählrate, stark
vermindert werden.

Viele ADC's besitzen am Digital-Ausgang einen festverdrahteten
Binär-Addierer /17/, über den z.B. vom Messergebnis eine konstante
Binärzahl subtrahiert werden kann (Digital Offset). Hiermit lässt
sich in gleicher Weise wie mit der oben erwähnten Analog-Einstel-
lung ein Fensterbetrieb realisieren, allerdings mit besserer
Reproduzierbarkeit und Genauigkeit. Dafür geht die digitale
Offset-Einstellung beim Wilkinson-ADC in die Konversionszeit
ein, da ja erst grosse Amplituden analysiert und dann nachträglich kleinere Zahlenwerte ausgegeben werden.

10.2. Analog-Multiplexer (Mixer-Router)

Ein Analog-Digital-Konverter wird normalerweise dazu benutzt,
die Analogsignale eines Messkanals zu digitalisieren. Wenn in
grösseren Experimentieraufbauten die Signale mehrerer Messkanäle
zu analysieren sind, evtl. auch unter Berücksichtigung von Koinzidenz-Bedingungen, so wird jedem Messkanal ein eigener ADC zugeordnet. Häufig sind aber diese Kanäle voneinander unabhängig,
so dass bei kleineren Zählraten auch ein einziger ADC in der
Lage ist, nacheinander die Impulse mehrerer Kanäle zu verarbeiten.

Zum Umschalten des ADC's auf die verschiedenen Messkanäle wird
ein Analog-Multiplexer (engl. Mixer-Router) benutzt (Abb.10.8.).

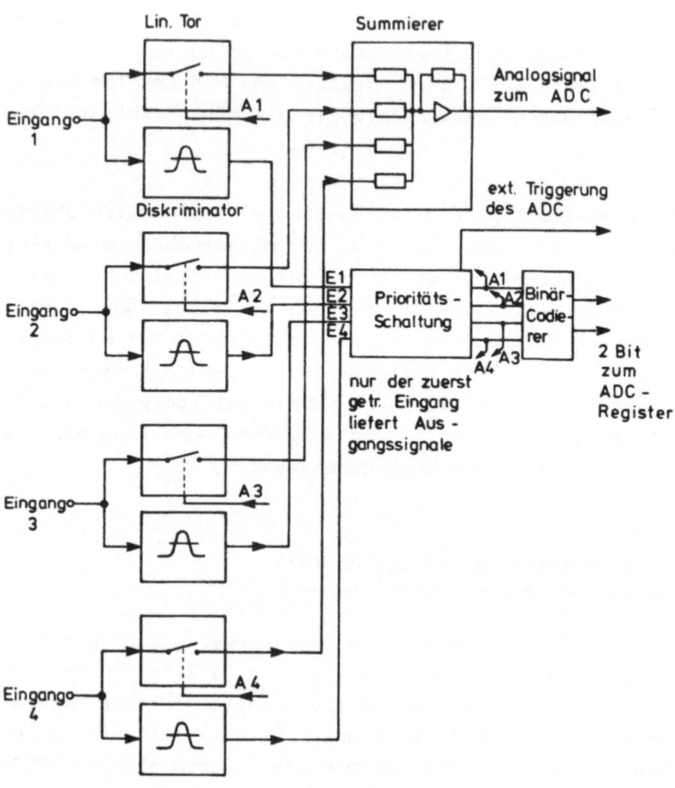

Abb.10.8.: Analog-Multiplexer (Mixer-Router)

Er besteht aus mehreren linearen Toren (Linear Gate, siehe 5.3.)
für die einzelnen Kanäle, einer entsprechenden Anzahl von Diskriminatoren, die die Anwesenheit eines Signals am jeweiligen
Eingang signalisieren, und einer Zusammenführung für die Analogsignale, die zum ADC weitergeleitet werden. Eine Antikoinzidenz-
Schaltung sorgt dafür, dass eine Konversion unterdrückt wird,
wenn an mehr als einem Eingang gleichzeitig ein Signal ansteht.

Ausserdem werden die Tore während der Konversionszeit des ADC
gesperrt.

An den ADC gibt der Multiplexer ein Triggersignal für den Kon-
versionsstart ab. Die binäre Ausgangsinformation des ADC wird
durch den Multiplexer um eine Zusatz-Information (z. die zwei
höchstwertigen Bits) ergänzt, so dass erkennbar ist, aus welchem
Messkanal der Impuls stammt. Dadurch können die Impulse aus den
verschiedenen Messkanälen in verschiedenen Speicherbereichen
eines Vielkanal-Analysators oder Rechners zu Impulshöhen-Spektren
verarbeitet werden.

10.3. Impulshöhen-Analysator, Vielkanal-Analysator

10.3.1. Aufnahme von Impulshöhen-Spektren

Der Impulshöhen- oder Vielkanal-Analysator (engl. Multi Channel
Analyzer, MCA) hat die Aufgabe, durch Zählen der Impulse in einer
grösseren Anzahl von Impulshöhen-Intervallen (siehe 10.1.) ein
Impulshöhen-Spektrum zu erzeugen. Wie oben ausgeführt, ist es
bei grösseren Kanalzahlen nicht mehr möglich, jedem Impulshöhen-
Intervall einen eigenen Zähler mit eigener Verbindung zum (Ein-
kanal-)Diskriminator zuzuordnen. Diese Funktionen werden ersetzt
durch eine Analog-Digital-Wandlung der Impulshöhe in einem ADC
(10.1.) und eine Verarbeitung der der ADC-Binärzahlen in einem
festverdrahteten oder programmgesteuerten Rechenwerk (Abb.10.9.).

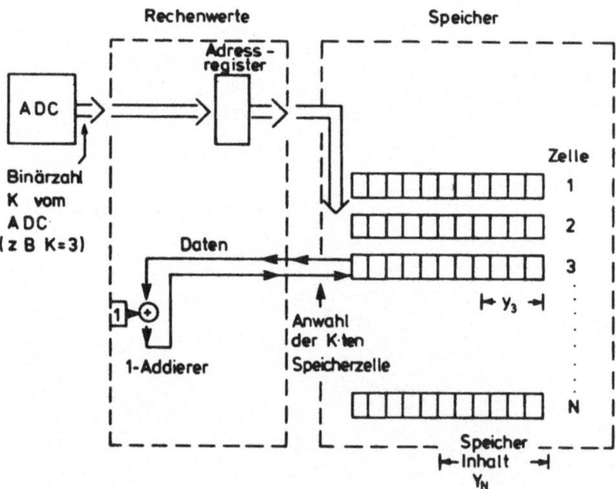

Abb.10.9.: Rechenwerk und Speicher eines Vielkanal-Analysators

Die einzelnen Zähler eines Parallel-Analysators werden realisiert
durch entsprechend viele Speicherplätze im Arbeitsspeicher (Kern-

speicher, Halbleiterspeicher) eines Rechners /17/. Zu Beginn der
Datenaufnahme werden alle Speicherplätze auf Null gesetzt. Analysiert der ADC eine Impulshöhe, so wird die ausgegebene Binärzahl
als Adresse des Speicherplatzes interpretiert, in dem die zur
Impulshöhe gehörende Häufigkeit gespeichert werden soll. Der
Inhalt der so adressierten Speicherzelle wird ausgelesen, im
Rechenwerk eine "1" hinzuaddiert und das Ergebnis in die gleiche Speicherzelle zurückgeschrieben. Da für diesen Vorgang nur
wenige elementare Rechenoperationen erforderlich sind, beträgt
die Verarbeitungszeit nur wenige µs und ist vergleichbar mit der
ADC-Konversionszeit. Alle weiteren Operationen und Rechnungen
mit dem Speicherinhalt finden erst nach Beendigung der Datenaufnahme statt oder laufen bei leistungsfähigeren Geräten im Hinter-
grund ab, beeinflussen also nicht die Gesamt-Konversions- und
Speicherzeit des Systems.

In der Frühzeit der Vielkanal-Analysator-Entwicklung bestand ein
solches Gerät tatsächlich nur aus dem ADC, einem festverdrahteten
Addierer/Subtrahierer und dem Speicherwerk, und war aufgebaut
aus Einzel-Transistoren und später aus IC's mit niedrigem Inte-
grationsgrad (SSI) sowie einem Ferrit Rinkern-Speicher. Ergänzt
wurden diese Geräte lediglich um eine Auslesemöglichkeit des
Arbeitsspeichers auf einen Bildschirm und auf eine Schnittstelle
für Drucker, Lochstreifenstanzer oder Magnetband-Geräte. Inzwischen
haben sich durch das Aufkommen leistungsfähiger und schneller
Mikroprozessoren eine grosse Anzahl von Entwicklungsmöglichkeiten
eröffnet:

- Aus dem klassischen festverdrahteten Vielkanal-Analysator ist
  ein Mikrocomputer /17/ geworden, dessen Programme meist in
  Festwertspeichern (ROM's) abgelegt sind und nach Einschalten
  sofort zur Verfügung stehen. Ausser dem Analysierprogramm und
  der Möglichkeit zur Datenausgabe stehen nun eine Vielzahl von
  kleineren Auswerteprogrammen (s.u.) standardmässig zur Verfügung (Abb.10.10.).

- Grössere Systeme, insbesondere solche mit mehreren ADC's zur
  mehrparametrigen schnellen Datenaufnahme, arbeiten mit frei-
  programmierbaren Mini- oder Micro-Computern (siehe 10.4.,CAMAC).

Auf Grund der grossen Möglichkeiten der Programm- und Daten-
Speicherung (Halbleiter-Speicher, Fest- und Wechselplatten-
Laufwerke, Magnetband-Geräte) sind diese Systeme nicht mehr
auf kleine Standard-Programme in ROM's beschränkt und können
für sämtliche Anwendungsarten programmiert werden.

- Eine dritte Linie führt zu immer stärkerer Miniaturisierung
  der elementaren Vielkanal-Analysator-Funktionen mit Hilfe von
  hochintegrierten Schaltungen (LSI, VLSI). Der eigentliche
  Analysator mit Arbeitsspeicher und allen zeitkritischen Schaltungen findet inzwischen in einem NIM- oder CAMAC-Einschub
  platz und ist sehr billig. Sämtliche Intelligenz einschliess-
  lich der Bilschirm-Darstellung wird von einem externen Univer-
  salrechner (Personal-Computer (PC) bis zum Mini-Computer) übernommen. Dadurch lassen sich sehr preiswert Systeme mit vielen
  Impulshöhen-Analysatoren aufbauen, und der Rechner-Teil lässt
  sich universeller verwenden.

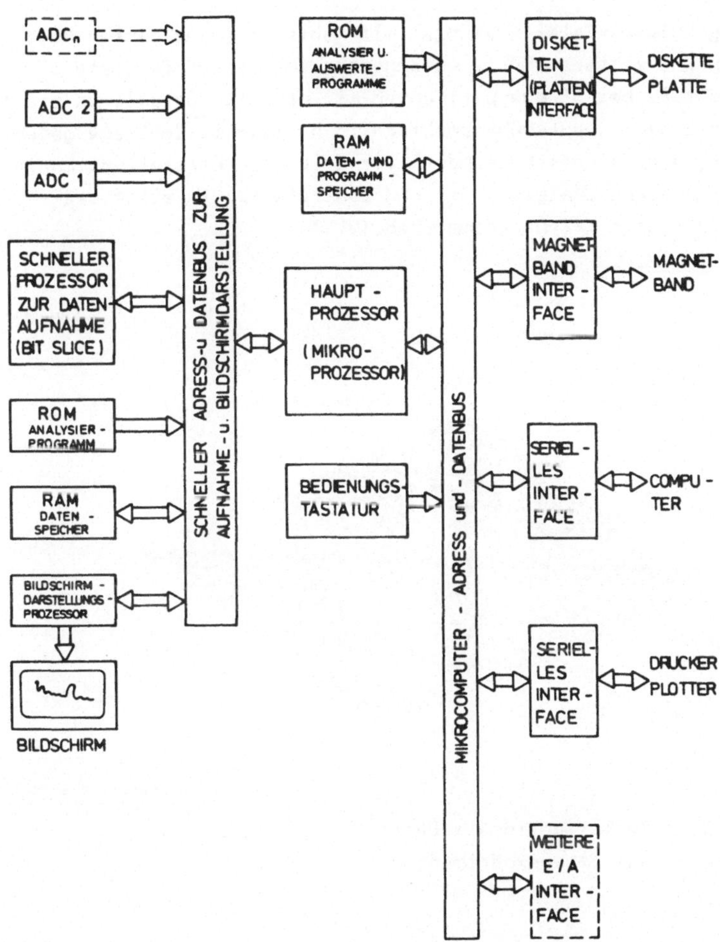

Abb.10.10.: Blockschaltbild eines modernen Vielkanal-Analysators

10.3.2. Mehrparametrige Datenaufnahme

Die Ergebnisse vieler Messungen mit mehreren koinzidenten Messkanälen und mehreren ADC's werden mehrdimensional dargestellt.
So sind z.B. bei Streuexperimenten mit mehreren Detektoren nicht
nur die Einzel-Impulshöhenspektren, d.h. jeweils Zählrate gegen
Energie, von Interesse, sondern vor allem die Darstellung Energie 1 (X) gegen Energie 2 (Y) und Zählrate (Z) in einem drei-
dimensionalen X-Y-Z-Diagramm (Abb.10.11.).

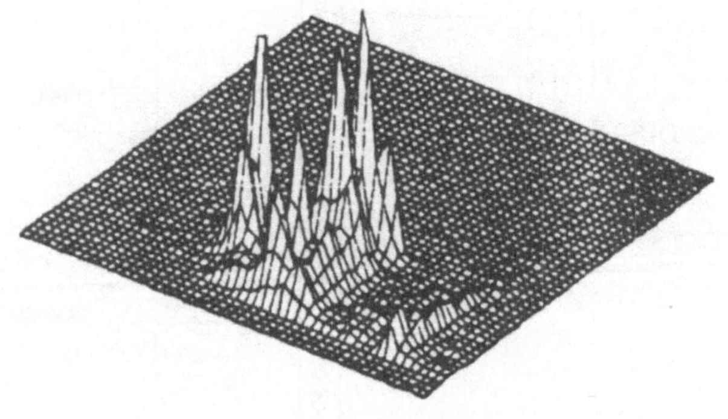

Abb.10.11.: Zweidimensionale Darstellung von Daten
            aus Streuexperimenten

Ein anderes Beispiel ist die Aufnahme der Daten eines Teilchen-
Teleskops (siehe 7.1.), wobei gleichzeitig Teilchenenergie (X)
und Teilchensorte (Y) gespeichert und gegen die Zählrate (Z) auf-
getragen werden müssen. In der X-Y-Ebene können (während der Aufnahme oder nachträglich) Bereiche markiert werden, in denen z.B.
Ereignisse mit bestimmten kinematischen Verhältnissen oder verschiedene Teilchensorten liegen.

Bei dieser mehrparametrigen Datenaufnahme benötigt man für m
ADC's mit jeweils k Kanälen Auflösung nicht wie bei Einzelspektren
$k \cdot m$ Speicherplätze, sondern k^m Speicherplätze. Vielkanal-Analysatoren in kompakter Bauform gestatten wegen dieses enormen Spei-
cherbedarfs daher meist nur den Mehrparameter-Betrieb mit zwei
ADC's und relativ grober Auflösung. Grosse Systeme mit Prozess-
rechnern sind in dieser Hinsicht natürlich leistungsfähiger, aber
auch hier sind die Grenzen der direkten Mehrparameter-Speicherung
bald erreicht.

Fin Ausweg aus diesem Problem bietet sich durch den sogenannten
"List-Mode" an. In dieser Arbeitsweise findet keine direkte
Akkumulation von Zählraten in Speicherzellen statt, sondern die
koinzidenten Binärwörter der angeschlossenen ADC's werden für
jedes Ereignis als Datensatz (häufig zusammen mit der Zeit des
Eintreffens) direkt abgespeichert. Im Arbeitsspeicher benötigen
z Ereignisse dann $z \cdot m$ Speicherzellen. Da meist über längere
Zeiten gemessen werden soll, geschieht die endgültige Speicherung
auf grossen Magnetband-Geräten oder Plattenspeichern, auf die
die Daten aus dem Arbeitsspeicher im Doppelpuffer-Verfahren übertragen werden.

Im Massenspeicher liegen nun die ADC-Daten als direktes Abbild
des Experiment-Verlaufs in der Reihenfolge ihres Eintreffens
vor (Liste). Es ist jetzt nachträglich möglich, in einem grossen
Rechner aus diesen Daten ein- und mehrdimensionale Impulshöhen-
Spektren zu erzeugen und dabei nachträglich Energiefenster und
Koinzidenz-Bedingungen zu berücksichtigen. Wenn der Speicher-

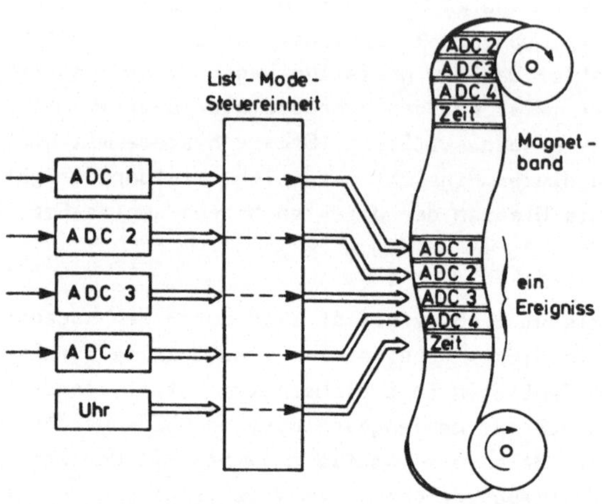

Abb.10.12.: Datenaufnahme im "List-Mode"

platz des Rechners nicht ausreicht, um die ganze mehrdimensionale
Matrix gleichzeitig zu verarbeiten, so können verschiedene Dar-
stellungen und verschiedene Ausschnitte aus der Gesamtmatrix
in mehrmaligen Auslesevorgängen des Massenspeichers erzeugt werden.

10.3.3. Vielfach-Zähler-Betrieb (Multi-Scaling)

In einer weiteren Betriebsart, für die viele Impulshöhen-Analysatoren eingerichtet sind, werden die einzelnen Speicherzellen
nicht dazu benutzt, um die zu verschiedenen Impulshöhen gehörenden Zählraten zu speichern, sondern die zu verschiedenen
Zeiten gehörenden Zählraten (Abb.10.13.). Dieses Verfahren wird
häufig zur Aktivitätsbestimmung von Isotopen im Bereich von ms
bis zu Stunden verwendet.

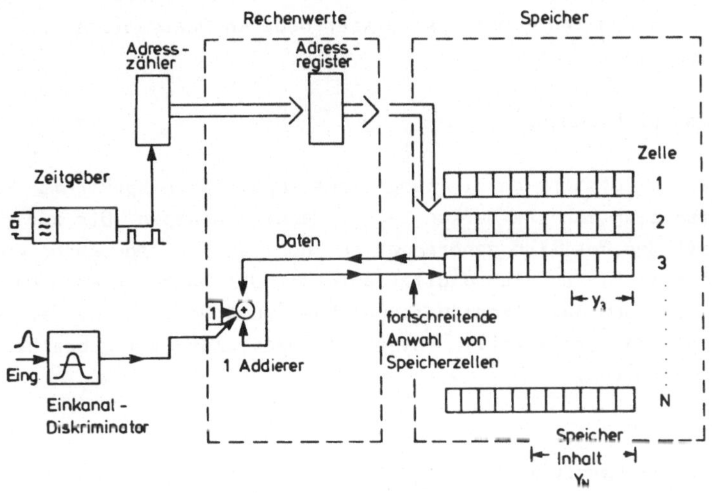

Abb.10.13.: Vielfach-Zähler-Betrieb (Multi Scaling)

Ein ADC wird für diesen Betrieb nicht benötigt, sondern nur ein
(Einkanal-)Diskriminator, der die Impulse der Mess-Elektronik in
Digitalsignale umwandelt, und eine Uhr, die in regelmässigen
Zeitabständen die Adresse der Speicherzelle, in die über den
'1'-Addierer hineingezählt wird, weiterschaltet. Der Speicherinhalt kann nach Beendigung der Messung als Zählrate in Abhängigkeit von der Zeit dargestellt werden.

10.3.4. Datenanalyse

In grösseren kernphysikalischen Experimenten werden aufgenommene
Daten wie Energiespektren meist auf einen externen Massenspeicher
übertragen und anderweitig (z.B. mit Hilfe grösserer Rechenanlagen)
ausgewertet. Durch die in neueren Vielkanal-Analysatoren eingebau-

ten programmierbaren Mikrocomputer lassen sich aber eine ganze
Reihe einfacherer Auswertungen auch direkt im Gerät durchführen.
Im folgenden sollen die wichtigsten Beispiele für die "auf Knopf-
druck" verfügbaren Funktionen dieser neueren Analysatoren aufge-
zählt werden.

- Marken-Einblendung

In der Bildschirm-Darstellung eines Impulshöhen-Spektrums
lassen sich mehrere Marken (engl. Marker) bewegen. Die zur
jeweiligen Position gehörenden X- und Y-Werte (Impulshöhe und
Zählrate) lassen sich digital ablesen. Die Marken dienen unter
anderem auch dazu, innerhalb des Spektrums Bereiche zu markieren,
die gedehnt dargestellt, integriert oder anderweitig bearbeitet
werden sollen.

- Markierte Bereiche

Mit Hilfe der beweglichen Marken oder durch numerische Eingabe
lassen sich in einem Spektrum besondere Bereiche (engl. Region
of Interest, ROI) markieren. Diese markierten Bereiche können
gedehnt dargestellt, separat ausgelesen oder mit anderen markierten Bereichen verglichen werden, und es lassen sich alle
folgenden Operationen auf diese Bereiche beschränken.

- Integration

Der gesamte Zählraten-Inhalt eines Spektrums oder eines markierten Bereichs (Fläche unter der Kurve) kann digital angezeigt
und ausgegeben werden.

- Energie-Eichung

Die X-Achse der Spektrum-Darstellung (Impulshöhe) kann in
Energieeinheiten (eV, keV, MeV) geeicht werden. Dazu ist für
mindestens zwei Impulshöhen die Energie numerisch oder über die

Identifikation von Linien mit Hilfe von Marken einzugeben.
In aufwendigeren Verfahren kann auch die Anpassung der Eich-
geraden an mehr als zwei Punkte im Spektrum erfolgen.

- Linien-Suche und Integration

Zur genauen Energiebestimmung einer Linie in einem Spektrum
muss deren Zentrum gesucht werden (Peak search). Dazu wird der
aktuellen Kurvenform der Linie eine bekannte Verteilung ange-
nähert (z.B. Gauss-Verteilung, Gauss-Fit), deren Mittelwert
dann der Linien-Energie entspricht. Die in der Linie enthaltene
Zählrate (Brutto-Fläche) lässt sich ausgeben (Integration).
Wenn die Linie auf einem Untergrund sitzt, so lässt sich dieser
durch eine Gerade (linker/rechter Rand) oder durch ein Polynom
annähern und die Untergrund-Zählrate von der Linien-Zählrate
subtrahieren (Netto-Fläche).

- Spektrum-Normalisierung

Verschiedene Spektren können durch Multiplikation mit bestimmten
Faktoren auf gleiche Form (z.B. gleiche Gesamt-Zählrate oder
gleiche Zählrate in bestimmten Kanälen) gebracht werden. Dadurch
lassen sie sich besser vergleichen, und es lassen sich Verhält-
nisbildung (Ratio) und Addition/Subtraktion durchführen.

- Spektrum-Subtraktion

Von einem aktuellen Spektrum (z.B. Linien mit Untergrund)
kann ein zweites Spektrum (z.B. Untergrund allein) subtrahiert
werden (Spektrum Stripping).

- Spektrum-Glättung

Spektren mit schlechter Statistik und Störsignal-Überlagerungen
lassen sich durch Mittelwertbildung über mehrere Kanäle glätten

(eng. Spectrum Smoothing).

- Isotopen-Identifizierung

Die in einem Spektrum analysierten Energien lassen sich mit einer
im Festwertspeicher des Geräts gespeicherten Isotopen-Bibliothek
vergleichen, so dass eine Isotopen-Identifizierung im Spektrum
möglich ist.

- Quantitative Isotopen-Analyse

Nach Ermittlung der Energie von Linien, der Linien-Fläche und
der Detektor-Ansprechwahrscheinlichkeit ist mit Hilfe der Isotopen-Bibliothek nicht nur die Identifizierung, sondern auch
eine quantitative Isotopen-Analyse möglich. Dazu müssen in der
Bibliothek zusätzlich Informationen über Halbwertszeiten und
Verzweigungsverhältnisse von Zerfällen gespeichert sein.

10.4. Rechner-Kopplung von Geräten

In grossen Experimentieraufbauten für kernphysikalische Messungen werden neben den Analogsignalen eine Vielzahl von Digitalinformationen registriert und übertragen, angefangen von Zählerständen und Koinzidenz-Bedingungen bis zu den Binärwörtern aus ADC's, Zeit- und Spannungsmessgeräten und ortsempfindlichen Detektoren. Darüberhinaus hat das Vordringen der Digitaltechnik dazu geführt, dass viele Geräte, die früher analog über Potentiometer und Schalter eingestellt wurden, heute über digitale Fernsteuermöglichkeiten verfügen. Dazu zählen Netzgeräte (Spannung, Strom), Verstärker (Verstärkung, Filter-Zeitkonstanten), Diskriminatoren (Schwelle), Koinzidenz-/Antikoinzidenz-Stufen (Koinzidenzmuster) u.a. Das hat den Vorteil, dass sämtliche für ein Experiment wichtigen Einstellungen von Geräten zentral (üblicherweise von einem Rechner) eingestellt und überwacht werden können, dass komplette Sätze von Einstellungen digital auf Massenspeichern abgelegt werden können, wo sie für Auswerteprogramme zur Verfügung stehen, und dass diese Einstellungen jederzeit vom Rechner reproduziert werden können und so die Einstellzeit in grossen Experimenten stark verkürzen und vereinfachen.

Für diese Rechner-Kopplung von Nuklear-Elektronik-Geräten haben sich im Wesentlichen zwei Standards durchgesetzt: für grosse Experimente mit grossem Datendurchsatz das CAMAC-System, und neuerdings für kleinere Aufbauten mit geringeren Datenraten und zeitunkritischerer Übertragung das in der allgemeinen Messtechnik weitverbreitete IEC-Bus-System.

10.4.1. CAMAC

Das CAMAC-System (CAMAC = Computer Applications to Measurement
And Control) ist ein modulares System zum Aufbau komplexer digitaler Mess- und Steuer-Anlagen mit Rechnerkopplung. Es wurde
hauptsächlich auf Grund der Forderungen der experimentellen Hochenergie-Physik vom ESONE-Komitee, einem internationalen Gremium
aus Vertretern von Grossforschungseinrichtungen, Instituten und
Elektronik-Firmen, konzipiert. Durch Unterstützung der europäischen
Gemeinschaft (EURATOM) erhielt dieses System Normen-Charakter
(EUR 4100, A Nuclear Instrumentation System for Data Handling)
und wurde in weiteren Normen-Blättern (EUR 4100..,4600..) ergänzt. In den USA wurden diese Normen von der IEEE ebenfalls
übernommen und als IEEE-Standards veröffentlicht.

Das Grund-Modul (Station) eines CAMAC-Systems ist ein Kassetten-
Teileinschub mit einer 86-poligen Steckverbindung, der in den
meisten Dimensionen einem NIM-Einschub entspricht (siehe 8.4.).
Ein Oberrahmen (Crate) besitzt bei voller 19-Zoll-Breite 25
Steckplätze, von denen maximal 24 mit normalen Stationen besetzt
werden können. Die 25. Position ist für einen Steuereinschub vor-
gesehen, der die Adressierung der anderen Stationen sowie die
Obertragung der einzelnen Befehle besorgt.

Die einzelnen Stationen sind untereinander und mit dem Steuereinschub über den sogenannten horizontalen Datenweg (CAMAC-Dataway) miteinander verbunden (Abb.10.14., Tabelle 10.1.).

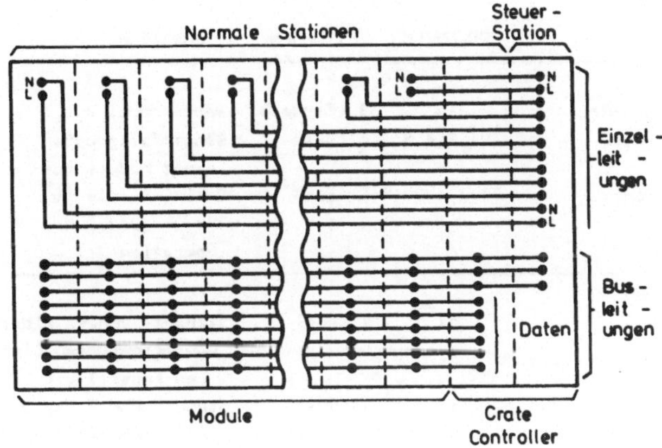

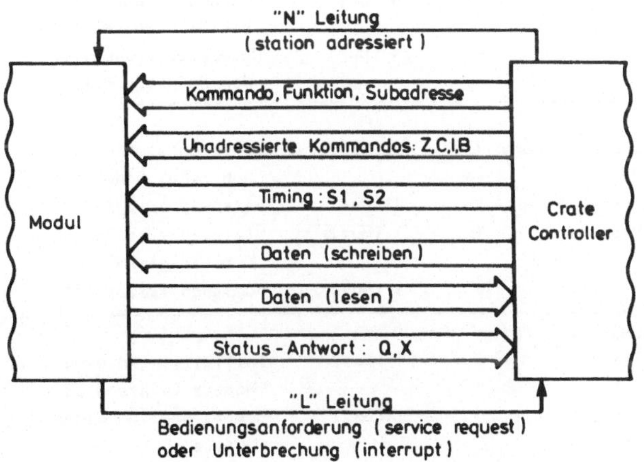

Abb.10.14.: CAMAC-Datenweg in einem Oberrahmen

Tabelle 10.1.: Signale auf dem CAMAC-Datenweg

NAME	ABKÜRZUNG	LEITUNGEN	FUNKTION
KOMMANDO			
Stations-Nr.	N	1 (Einzel)	Wählt Modul aus
Subadresse	A1,2,4,8	4 (Bus)	Wählt Teilgruppe eines Moduls aus
Funktion	F1,2,4,8,16	5 (Bus)	Definiert die im Modul auszuführr. Operation
ZEITSIGNAL			
Strobe 1	S1	1 (Bus)	Steuert 1.Phase einer Operation(Daten bleiben konst.)
Strobe 2	S2	1 (Bus)	Steuert die 2.Phase (Daten können sich ändern)
DATEN			
Schreiben	W1-W24	24 (Bus)	Datenübertragung zu den Modulen (mit S1)
Lesen	R1-R24	24 (Bus)	Datenübertragung von den Modulen (mit S1)
STATUS			
Bedienungsaufforderung (Look At Me)	L	1 (Einzel)	Bedienungsaufforderung eines Moduls
Besetzt (Busy)	B	1 (Bus)	Datenweg belegt
Antwort (Response)	Q	1 (Bus)	Statusanzeige (durch Komm.ausgewählt)
Quittung	X	1 (Bus)	Kommando akzeptiert
ALLG.STEUERUNG			
Initialisieren	Z	1 (Bus)	Initialisieren eines Moduls (während S2)
Sperren (Inhibit)	I	1 (Bus)	Sperrt Funtion eines Moduls
Löschen (Clear)	C	1 (Bus)	Löscht Register (während S2)
Nicht festgelegt:	P1,P2	2 (Bus)	
	P3-P5	3 (Einzel)	
	Y1,Y2	2 (Bus,Stromvers.)	

Die 24 Stationsplätze werden von Platz 25 über einzelne Leitungen (N) adressiert, ebenfalls über separate Leitungen (L) senden die Stationen eine Bedienungs-Anforderung (LAM=Look-At-Me) an den Platz 25. Die Position eines Einschubs in einem Rahmen bestimmt also seine Adresse. Alle anderen Leitungen sind Bus-Leitungen, d.h. mit den Kontakten aller Plätze verbunden. Auf diesem Bus werden von Platz 25 allgemeine Kommandos (Z,I,C) sowie (über N) adressierte Kommandos, bestehend aus Sub-Adressen (A..) und Funktionen (F..), und Zeitsignale (S1,S2,Timing) auf die anderen Plätze übertragen. Die Stationen geben über die Bus-Leitungen B,Q,X Status-Informationen an Platz 25 ab. Um mit dem 86-poligen Steckverbinder auszukommen, reichen die jeweils 24 Datenbus-Leitungen zum Schreiben und 24 zum Lesen nur von Platz 1 bis Platz 24. Ein Steuereinschub, der auch Datenverkehr mit den Stationen ausüben soll, muss daher die beiden rechten Plätze 24 und 25 einnehmen. Ein solcher Einschub wird üblicherweise "Crate Controller" genannt. Er steuert alle Abläufe im CAMAC-Oberahmen und stellt die Verbindung zwischen dem Crate und der Aussenwelt her.

Der Anschluss eines oder mehrerer Crate-Controller mit entsprechend vielen Oberrahmen an einen Rechner kann auf verschiedene Weise erfolgen (Abb.10.15.).

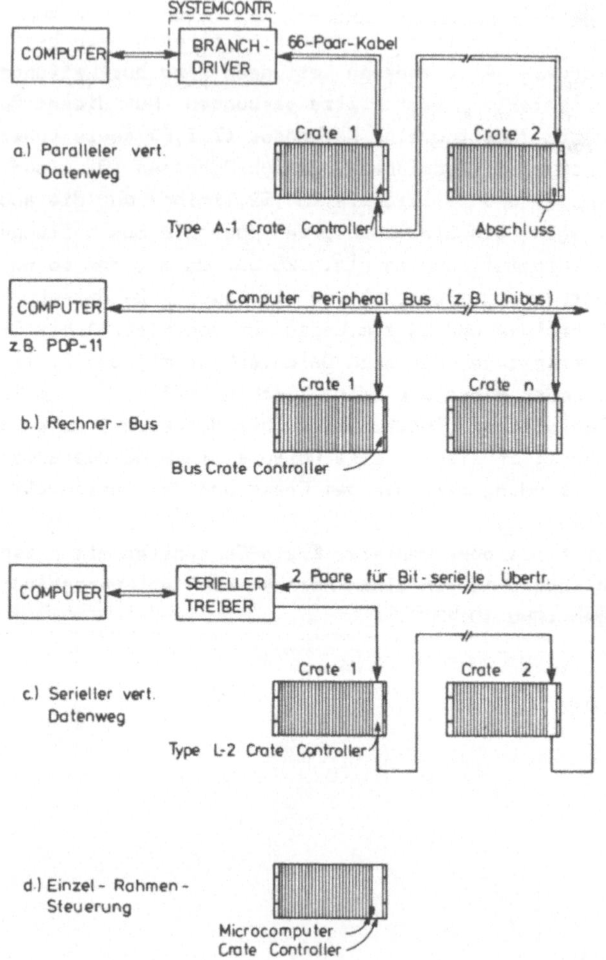

Abb.10.15.: Verbindung von CAMAC-Oberrahmen mit einem Rechner

Die "klassische" Verbindung von maximal 7 Crate-Controllern mit
dem Rechner erfolgt über den sogenannten vertikalen Datenweg
(Parallel Branch Highway), der aus 66 Adernpaaren besteht (Abb.
10.15.a). Statt separater Datenleitungen für Schreiben und Lesen
verläuft hier ein 24-poliger bidirektionaler Datenbus. Der verti-
kale Datenweg endet in einem sogenannten "Branch Driver", von
dem aus (evtl. noch über einen sog. "System Controller") die Verbindung zum Rechner vorgenommen wird. Erst an dieser Stelle wird
das CAMAC-System rechnerspezifisch, während alle anderen Schnittstellen vom Branch Highway bis zu den CAMAC-Moduln standardisiert und rechnerunabhängig sind. Die einzelnen Crate-Controller
werden vom Branch-Driver/System-Controller über Einzelleitungen
adressiert, um auch Multi-Crate-Befehle durchführen zu können.
Die übrigen Befehlsworte entsprechen denen auf dem horizontalen
Datenweg (CAMAC-Dataway). Die zeitliche Steuerung erfolgt aber
nicht wie im Crate mit Synchronisier-Signalen, sondern im Quittier-
betrieb (Handshake-Verfahren), wobei ein neuer Befehl erst ausgegeben wird, wenn der letzte vom Empfänger quittiert wurde.
Der parallele Branch Highway erlaubt sehr hohe Datenübertragungs-
raten bis in den MHz-Bereich.

Eine ähnliche Konfiguration kann mit Rechnern aufgebaut werden,
deren Daten-, Adress- und Steuerbus sich auch ausserhalb des
Rechners weiterverlegen lässt (z.B. UNIBUS bei DEC-Rechnern
PDP11, VAX11). In diesem Fall werden Crate-Controller verwendet,
die sich direkt an den Rechner-Bus anschliessen lassen
(Abb.10.15.b).

Die unter a) und b) genannten vertikalen Datenwege sind sowohl
in der Länge wie auch in der Anzahl der ansteuerbaren Crates
beschränkt. Wenn auf hohe Datenraten verzichtet wird, was durch
Einführung lokaler Intelligenz auf Crate-Controller-Ebene durchaus praktikabel ist, so lässt sich durch eine bit-serielle Übertragung mit je einem Adernpaar für Hin- und Rückleitung das System stark ausdehnen. Der sogenannte serielle CAMAC-Highway (Abb.
10.15.c) gestattet den Betrieb von bis zu 62 Crates an einem
seriellen Treiber und Entfernungen bis zu mehreren km.

Eine Alternative für kleine Systeme, die in einem CAMAC-Ober-

rahmen Platz finden, besteht darin, in den Crate-Controller einen
Mikrocomputer zu integrieren oder den Controller mit einem Mikrocomputer zu verbinden, der zusätzlich im Rahmen sitzt (Abb.10.15.d)
bzw. über eine Standard-Schnittstelle wie IEC-Bus oder V-24 angeschlossen ist.

Das CAMAC-System ist ein universelles modulares System zur Rechnerkopplung und Rechner-Steuerung von Experimentier-Elektronik.
Von einer grösseren Anzahl von Herstellern werden Einschübe
sowohl für reine Digital-Anwendungen, gemischte Anwendungen wie
Analog-Digital- und Digital-Analog-Umsetzung, als auch reine
Analog-Einschübe produziert, die nur über den Datenweg eingestellt
werden. Folgende Gerätegruppen sollen als Beispiele genannt werden:

Digital-Einschübe:

- Zähler
- Frequenzteiler
- digitale Zeitmesser
- Uhren
- Mehrfach-Koinzidenzstufen (Pattern Units)
- Eingabe-Gatter
- Ausgabe-Gatter
- Eingabe-Register
- Ausgabe-Register
- Schalter-Felder
- Pegelwandler
- Relaiskoppler
- digitale Speicher (RAM, ROM, FIFO)
- Ein-/Ausgabe-Schnittstellen (seriell) für Drucker, Rechner, etc.
- Ein-/Ausgabe-Schnittstellen für IEC-Bus
- EPROM-Programmierer
- Pulsgeneratoren
- Schrittmotor-Steuerungen
- Auslese-Einheiten für ortsempfindl.Detektoren
  (z.B.Funkenkammern)

Analog-Digital-Einschübe:

- Analog-Digital-Konverter für Impulse (ADC's)
- Digital-Analog-Konverter (DAC's)
- Digital-Voltmeter
- Temperatur-Messgeräte
- Treiber für Datensichtgeräte und Grafik-Bildschirme

"Analog"-Einschübe mit digitaler Einstellung:

- Verstärker (Verstärkung, Filter-Zeitkonstanten)
- Diskriminatoren (Schwelle)
- Verzögerungsstufen (Verzögerungszeit)
- Netzgeräte (Spannung, Strom, Strombegrenzung)

Mit den erhältlichen Moduln lassen sich u.a. auch Vielkanal-
Analysatoren und Multiparameter-Analysatorsysteme in CAMAC
realisieren. Darüberhinaus hat das CAMAC-System auch Eingang in
die allgemeine industrielle Rechner-Steuerung gefunden.

10.4.2. IEC-Bus

In der allgemeinen Messtechnik hat sich seit einer Reihe von
Jahren ein System zur Rechnersteuerung und Auslese durchgesetzt,
welches mit einem 8-Bit-parallelen, byte-seriellen Datenbus arbeitet /5/. Es dient hauptsächlich dazu, kompakte Messplätze
mit Geräten wie Digitalvoltmetern, Messendern, Impulsgeneratoren,
Messstellenumschaltern und Digital-Oszillografen zu automatisieren
und an Kleinrechner anzuschliessen. Auch die Peripheriegeräte
von Kleinrechnern wie Drucker, Plotter, Disketten- und Festplatten-
Laufwerke werden heute vielfach über IEC-Bus miteinander und
mit dem Rechner verbunden. Die Entwicklung dieses Systems wurde
massgeblich von einigen amerikanischen Firmen vorangetrieben
und zunächst firmenintern benutzt (Hewlett-Packard-Interface-
Bus, HPIB), anschliessend von der IEEE genormt (IEEE-Standard
488-1978) und schliesslich auch europäisch und weltweit von

der Internationalen Elektrotechnischen Kommission (IEC) als
IEC-625 (in Deutschland DIN-IEC-625) eingeführt. Es ist heutzutage
als IEC-Bus, IEEE-488-Bus, GPIB (General Purpose Interface Bus)
oder HPIB bekannt.

In neuerer Zeit geht auch eine Reihe von Nuklear-Elektronik-
Herstellern dazu über, einen Teil ihrer Geräte mit dieser genormten Bus-Schnittstelle auszurüsten. Zu diesen Geräten zählen einmal
spezielle Schnittstellen-Wandler wie z.B. Ausleseeinheiten für
Zählersysteme nach dem "Daisy-Chain"-System, die über IEC-Bus
an einen Kleinrechner angeschlossen werden können, oder intelli-
gente CAMAC-Einschübe und Crate-Controller, die über IEC-Bus
mit Kleinrechnern kommunizieren. Es sind inzwischen jedoch auch
NIM-Module im Handel, die direkt an den IEC-Bus anschliessbar
sind, wie z.B. Zähler, Netzgeräte, Verstärker, Diskriminatoren
und miniaturisierte Vielkanal-Analysatoren. Alle Geräte-Schnitt-
stellen basieren auf den oben genannten Standards (z.B. IEEE-488
-1978 für Hardware, IEEE 728-1982 für Daten- und Befehlsformate).
Darüberhinaus hat das US-NIM-Kommittee weitere Richtlinien in
der Publikation TID-20893 (Standard NIM Digital Bus, NIM/GPIB)
erlassen, die hauptsächlich in standardisierten Befehlen
bestehen.

Der IEC-Bus besteht im Gegensatz zu den Daisy-Chain-Anordnungen
zur Zählerauslese (siehe 9.3.), die keine Adressierung ermöglichen
und in jedem Gerät bestimmte Leitungen unterbrechen, und dem
CAMAC-System, bei dem einzelne Einschübe über einzelne Leitungen
adressiert werden, aus einem reinen Bus-System, d.h. sämtliche
Leitungen liegen an den Steckkontakten sämtlicher Geräte. Benutzt
wird hierfür eine spezielle 24-polige Steckverbindung mit "Hucke-
pack-Steckern", die eine einfache Verlängerung des Busses von
Gerät zu Gerät gestatten.

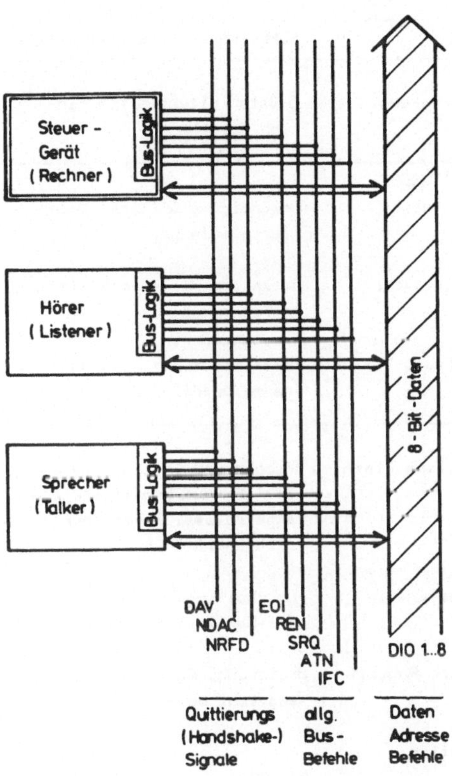

Abb.10.16.: IEC-Bus

Tabelle 10.2.: Leitungen auf dem IEC-Bus

BEZEICHNUNG	NAME	FUNKTION (bei aktiver Ltg.)
DATENLEITUNGEN:		
DIO 1...8	Data-In-Out	8 Datenleitungen für Ein- und Ausgabe
STEUER-(HANDSHAKE-)LEITUNGEN:		
DAV	Data Valid	Ankündigung gültiger Daten durch Sprecher
NDAC	Not-Data-Acc.	Daten vom Hörer noch nicht aufgenommen
NRFD	Not-Ready-For-Data	Hörer nicht zur Datenaufnahme bereit
ALLG.BUSLEITUNGEN:		
IFC	Interface Clear	Löschen und Initialisieren der IEC-Bus-Schnittstellen angeschloss. Geräte durch Steuergerät
REN	Remote Enable	Umschaltung angeschl. IEC-Bus-Geräte durch Steuerger.
SRQ	Service Request	Bedienungs-Aufforderung von angeschl.Geräten
ATN	Attention	
EOI	End Or Identify	

ATN	EOI	
0	0	normales Datenbyte auf DIO 1-8
0	1	END, letztes Datenbyte auf DIO 1-8
1	0	Adresse,Univ.Befehl, adr.Befehl auf DIO
1	1	IDENTIFY,Aufforderung zur Identifizierung nach SRQ

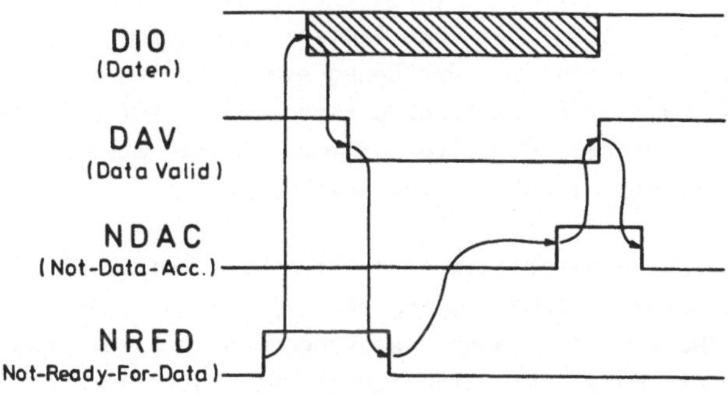

Abb.10.17.: Datenübertragung mit Quittierung
auf dem IEC-Bus

Der Bus besteht aus 8 Datenleitungen (Abb.10.16.,Tabelle 10.2.),
drei Leitungen für die zeitliche Steuerung und Quittierung sowie
5 Leitungen für allgemeine Bus-Signale wie Ende der Übertragung,·
Bedienungsaufforderung, Unterscheidung zwischen Daten und Adressen/
Befehlen. Alle Leitungen liegen im nichtaktivierten Zustand auf
+5V (log.'0') und werden bei aktiven Signalen auf 0V (log.'1')
gezogen ("active low"). Dadurch ergibt sich eine ODER-Verknüpfung
der Geräte-Ausgänge (Wired-OR), bis auf die Leitungen NDAC und
NRFD, die durch entsprechende Pegel eine UND-Verknüpfung ergeben.
In Abb.10.17. ist das Quittierverfahren (Hand-Shake) bei allen
Übertragungen auf dem Bus dargestellt. Die empfangenden Geräte
setzen die NRFD-Leitung (Not Ready For Data) auf passiv, wenn
sie Daten annehmen können. Daraufhin aktiviert das sendende
Gerät die Leitung DAV (Data Valid). Mit dessen Flanke übernehmen
die Empfänger die Daten. Die Quittierung der Datenaufnahme geschieht durch Freigeben der (bis dahin aktiv-low-geschalteten)
NDAC-Leitung (Not Data Accepted), woraufhin der Sender die Daten
vom Bus nimmt.

Alle Daten, Adressen und Befehle werden mit 8 Bit auf den Datenleitungen übertragen. Die Datenübertragung erfolgt transparent,
d.h. es ist kein Code zwingend vorgeschrieben. Für die Adressen
und Befehle ist der ISO-7-Bit-Code (entspr. US-ASCII) genormt,
wodurch 128 Kombinationen zur Verfügung stehen. Davon werden 31
für Sendeadressen, 31 für Empfangsadressen und 32 für Befehls-
kombinationen verwendet, die alle zusammen mit der gesetzten
ATN-Leitung (Attention) auf dem Bus erscheinen.

Bei den an den Bus angeschlossenen Geräten wird zwischen "Steuergerät" ("Controller", Rechner), "Sprechern"("Talker", sendenden
Geräten) und "Hörern"("Listener", empfangenden Geräten) unter-
schieden. Nur ein Gerät kann Steuergerät sein, alle anderen können
fest oder (programmiert) umschaltbar als Hörer oder Sprecher
arbeiten. Trotz der 31 möglichen Geräteadressen (jew. für Senden
und Empfang) lässt der IEC-Bus nur maximal 15 angeschlossene Geräte
zu (mit je einer Sende- und Empfangsadresse), die längste Verbindung zwischen zwei Geräten darf 2m betragen, die Gesamt-Buslänge
20m.

Als besonders vorteilhaft für die einfache Programmerstellung
haben sich einheitliche Datenformate, einheitliche Gerätebefehle
und Befehlsabkürzungen und insbesondere Kleinrechner-Sprachsys-
teme erwiesen, die die Programmierung von IEC-Bus-Operationen
auf Hochsprachenebene ohne genaue Kenntnis der Vorgänge auf
dem Bus ermöglichen.

Literaturverzeichnis

/1/ Abend,K., Vogelsang,E.:Nukleare Elektronik,
Thiemig-Verlag, München, 1973

/2/ Dearnaley,G., Northrop,D.C.:Semiconductor Counters for
Nuclear Radiations, E.u.F.Spon Ltd., London, 1966

/3/ Goulding,F.S., Landis,D.A.: Some Aspects of Energy Measure-
ments with Solid-State Detectors, IEEE Trans.Nucl.Sci. 25
No.2 (1978)

/4/ Goulding,F.S.: A New Particle Identifier Technique,
IEEE Trans.Nucl.Sci. 11, No.3 (1964)

/5/ Hascher,W. (Hrsg): IEC-Bus, Grundlagen-Technik-Anwendungen,
Elektronik-Sonderheft, Franzis-Verlag, München, 1980

/6/ Holbrook,J.G.: Laplace-Transformation, F.Vieweg u.Sohn,
Braunschweig, 1973

/7/ Kleinknecht,K.: Detektoren für Teilchenstrahlung,
B.G.Teubner-Verlag, Stuttgart, 1984

/8/ Kowalski,E.: Nuclear Electronics, Springer-Verlag, Berlin,
Heidelberg, New York, 1970

/9/ Kuchnir, Lynch: Time Dependence of Scintillators and the
Effect on Pulse Shape Discrimination, IEEE Trans.Nucl.Sci.
15, No.3 (1968) 107

/10/ Mayer-Kuckuk,T.:Kernphysik, B.G.Teubner-Verlag, Stuttgart,
1979

/11/ Meiling,W.: Kernphysikalische Elektronik, Akademie-Verlag,
Berlin, 1975

/12/ Meinke,H.,Grundlach,F.W.: Taschenbuch der Hochfrequenztechnik, Springer-Verlag, Berlin, Heidelberg, New York, 1968

/13/ ORTEC-Handbuch: Pulse Shape Discriminator 458

/14/ Owen: Pulse Shape Discrimination - A Survey of current
     Techniques, IEEE Trans.Nucl.Sci.9,No.3 (1962) 285

/15/ Riezler,W.,Kopitzki,K.: Kernphysikalisches Praktikum,
     Teubner-Verlag, Stuttgart, 1963

/16/ Rohe,K.H.: Elektronik für Physiker, B.G.Teubner-Verlag,
     Stuttgart, 1983

/17/ Rohe,K.H., Kamke,D.: Digitalelektronik, B.G.Teubner-Verlag,
     Stuttgart, 1985

/18/ Siegbahn,K.(Hrsg.): Alpha-, Beta- and Gamma-Ray Spectroscopy,
     North-Holland Publ.Comp., Amsterdam, 1966

/19/ Stuckenberg,H.J.: Detektor- und Experimentierelektronik,
     G.Braun-Verlag, Karlsruhe, 1973

/20/ Tietze,U.,Schenk,Ch.: Halbleiter-Schaltungstechnik, Springer-
     Verlag, Berlin, Heidelberg, New York, 1978

/21/ Weinzierl,P.,Drosg,M.: Lehrbuch der Nuklearelektronik,
     Springer-Verlag, Wien, New York, 1970

Sachregister

Leitfäden der angewandten Informatik

Bauknecht/Zehnder: **Grundzüge der Datenverarbeitung**
Methoden und Konzepte für die Anwendungen
3. Aufl. 293 Seiten. DM 34,—

Beth / Heß / Wirl: **Kryptographie**
205 Seiten. Kart. DM 25,80

Bunke: **Modellgesteuerte Bildanalyse**
309 Seiten. Geb. DM 48,—

Craemer: **Mathematisches Modellieren dynamischer Vorgänge**
288 Seiten. Kart. DM 36,—

Frevert: **Echtzeit-Praxis mit PEARL**
216 Seiten. Kart. DM 28,—

Gorny/Viereck: **Interaktive grafische Datenverarbeitung**
256 Seiten. Geb. DM 52,—

Hofmann: **Betriebssysteme: Grundkonzepte und Modellvorstellungen**
253 Seiten. Kart. DM 34,—

Holtkamp: **Angepaßte Rechnerarchitektur**
233 Seiten. DM 38,—

Hultzsch: **Prozeßdatenverarbeitung**
216 Seiten. Kart. DM 25,80

Kästner: **Architektur und Organisation digitaler Rechenanlagen**
224 Seiten. Kart. DM 25,80

Kleine Büning/Schmitgen: **PROLOG**
304 Seiten. Kart. DM 34,—

Meier: **Methoden der grafischen und geometrischen Datenverarbeitung**
224 Seiten. Kart. DM 34,—

Mresse: **Information Retrieval — Eine Einführung**
280 Seiten. Kart. DM 38,—

Müller: **Entscheidungsunterstützende Endbenutzersysteme**
253 Seiten. Kart. DM 26,80

Mußtopf / Winter: **Mikroprozessor-Systeme**
Trends in Hardware und Software
302 Seiten. Kart. DM 32,—

Nebel: **CAD-Entwurfskontrolle in der Mikroelektronik**
211 Seiten. Kart. DM 32,—

Retti et al.: **Artificial Intelligence — Eine Einführung**
2. Aufl. X, 228 Seiten. Kart. DM 34,—

Schicker: **Datenübertragung und Rechnernetze**
2. Aufl. 242 Seiten. Kart. DM 32,—

Schmidt et al.: **Digitalschaltungen mit Mikroprozessoren**
2. Aufl. 208 Seiten. Kart. DM 25,80

Schmidt et al.: **Mikroprogrammierbare Schnittstellen**
223 Seiten. Kart. DM 34,—

Schneider: **Problemorientierte Programmiersprachen**
226 Seiten. Kart. DM 25,80

Schreiner: **Systemprogrammierung in UNIX**
Teil 1: Werkzeuge. 315 Seiten. Kart. DM 48,—
Teil 2: Techniken. 408 Seiten. Kart. DM 58,—

Leitfäden der angewandten Informatik

Fortsetzung

Singer: **Programmieren in der Praxis**
2. Aufl. 176 Seiten. Kart. DM 28,80

Specht: **APL-Praxis**
192 Seiten. Kart. DM 24,80

Vetter: **Aufbau betrieblicher Informationssysteme
mittels konzeptioneller Datenmodellierung**
3. Aufl. 402 Seiten. Kart. DM 42,—

Weck: **Datensicherheit**
326 Seiten. Geb. DM 44,—

Wingert: **Medizinische Informatik**
272 Seiten. Kart. DM 25,80

Wißkirchen et al.: **Informationstechnik und Bürosysteme**
255 Seiten. Kart. DM 28,80

Wolf/Unkelbach: **Informationsmanagement in Chemie und Pharma**
244 Seiten. Kart. DM 34,—

Zehnder: **Informationssysteme und Datenbanken**
255 Seiten. Kart. DM 32,—

Zehnder: **Informatik-Projektentwicklung**
223 Seiten. Kart. DM 02,—

Leitfäden und Monographien der Informatik

Brauer: **Automatentheorie**
493 Seiten. Geb. DM 58,—

Loeckx/Mehlhorn/Wilhelm: **Grundlagen der Programmiersprachen**
448 Seiten. Kart. DM 42,—

Mehlhorn: **Datenstrukturen und effiziente Algorithmen**
Band 1: Sortieren und Suchen
324 Seiten. Kart. DM 42,—

Messerschmidt: **Linguistische Datenverarbeitung mit Comskee**
207 Seiten. Kart. DM 36,—

Pflug: **Stochastische Modelle in der Informatik**
272 Seiten. Kart. DM 36,—

Richter: **Betriebssysteme**
2., neubearbeitete und erweiterte Auflage
303 Seiten. Kart. DM 36,—

Wirth: **Algorithmen und Datenstrukturen**
Pascal-Version
3., überarbeitete Auflage
320 Seiten. Kart. DM 38,—

Wirth: **Algorithmen und Datenstrukturen mit Modula - 2**
4., überarbeitete und erweiterte Auflage
299 Seiten. Kart. DM 38,—

Preisänderungen vorbehalten

 B. G. Teubner Stuttgart

In völliger Neubearbeitung –

Kohlrausch Praktische Physik

in 3 Bänden

Herausgegeben von Prof. Dr. Dietrich Hahn und
Prof. Dr. Siegfried Wagner

Unter Redaktion von H. D. Baehr, J. Bortfeldt,
H.-G. Diestel, S. German, V. Kose, H. Reich, A. Scharmann,
B. Wende und V. Zehler

Bearbeitet von zahlreichen Fachwissenschaftlern

23., neubearbeitete und erweiterte Auflage

1 **Allgemeines über Messungen und ihre
Auswertung/Mechanik/Akustik/Wärme/Optik**
1985. XII, 724 Seiten mit 318 Bildern. 16,2×22,9 cm.
ISBN 3-519-13001-7. Geb. DM 185,–

2 **Elektrizität/Elektronik/Magnetismus/Ionisierende
Strahlung und Radioaktivität/Struktur und
Eigenschaften der Materie**
1985. XII, 937 Seiten mit 638 Bildern. 16,2×22,9 cm.
ISBN 3-519-13002-5. Geb. DM 245,–

3 **Tabellen und Diagramme**
1986. XII, 344 Seiten mit 55 Bildern. 16,2×22,9 cm.
ISBN 3-519-13000-9. Geb. DM 165,–

B. G. Teubner Stuttgart

Teubner Studienbücher

Informatik

Berstel: **Transductions and Context-Free Languages**
278 Seiten. DM 42,— (LAMM)

Beth: **Verfahren der schnellen Fourier-Transformation**
316 Seiten. DM 36,— (LAMM)

Bolch/Akyildiz: **Analyse von Rechensystemen**
Analytische Methoden zur Leistungsbewertung und Leistungsvorhersage
269 Seiten. DM 29,80

Dal Cin: **Fehlertolerante Systeme**
206 Seiten. DM 25,80 (LAMM)

Ehrig et al.: **Universal Theory of Automata**
A Categorical Approach. 240 Seiten. DM 27,80

Giloi: **Principles of Continuous System Simulation**
Analog, Digital and Hybrid Simulation in a Computer Science Perspective
172 Seiten. DM 27,80 (LAMM)

Kupka/Wilsing: **Dialogsprachen**
168 Seiten. DM 22,80 (LAMM)

Maurer: **Datenstrukturen und Programmierverfahren**
222 Seiten. DM 28,80 (LAMM)

Oberschelp/Wille: **Mathematischer Einführungskurs für Informatiker**
Diskrete Strukturen. 236 Seiten. DM 24,80 (LAMM)

Paul: **Komplexitätstheorie**
247 Seiten. DM 27,80 (LAMM)

Richter: **Logikkalküle**
232 Seiten. DM 25,80 (LAMM)

Schlageter/Stucky: **Datenbanksysteme: Konzepte und Modelle**
2. Aufl. 368 Seiten. DM 36,— (LAMM)

Schnorr: **Rekursive Funktionen und ihre Komplexität**
191 Seiten. DM 25,80 (LAMM)

Spaniol: **Arithmetik in Rechenanlagen**
Logik und Entwurf. 208 Seiten. DM 25,80 (LAMM)

Vollmar: **Algorithmen in Zellularautomaten**
Eine Einführung. 192 Seiten. DM 25,80 (LAMM)

Weck: **Prinzipien und Realisierung von Betriebssystemen**
2. Aufl. 299 Seiten. DM 34,— (LAMM)

Wirth: **Compilerbau**
Eine Einführung. 4. Aufl. 117 Seiten. DM 18,80 (LAMM)

Wirth: **Systematisches Programmieren**
Eine Einführung. 5. Aufl. 160 Seiten. DM 25,80 (LAMM)

Preisänderungen vorbehalten